地面观测-卫星遥感-数值预报 多源降水信息集成及水文应用

李伶杰 王银堂 王磊之 胡庆芳 李笑天 刘　勇◎著

河海大学出版社
HOHAI UNIVERSITY PRESS
·南京·

内容提要

高精度、长预见期的水文预报信息是流域洪涝灾害防御与科学应对的重要决策依据。降水时空误差是水文预报不确定性的主要来源。提升降水时空估计与定量预报精度是改善水文预报效果的重要途径，也是水文水资源领域的重难点之一。本书系统介绍了地面观测-卫星遥感-数值预报多源降水信息集成及水文预报应用的技术方法和研究成果。主要内容包括：基于地理时空加权回归的降水空间估计；典型全球降水数据集的可利用性评估；考虑有雨无雨辨识的多源降水融合；兼顾分类与定量误差订正的预报降水统计后处理；基于多源融合降水与订正后预报降水的水文预报应用。

本书可供水利、气象、地理等领域的广大科技工作者、工程技术人员参考使用，也可作为高等院校本科生与研究生的教学参考书。

图书在版编目（CIP）数据

地面观测-卫星遥感-数值预报多源降水信息集成及水
文应用 / 李伶杰等著. -- 南京：河海大学出版社，
2024.1
　　ISBN 978-7-5630-8815-7

　　Ⅰ．①地… Ⅱ．①李… Ⅲ．①水文预报－研究 Ⅳ.
①P338

中国国家版本馆 CIP 数据核字（2024）第 003288 号

书　　名	地面观测-卫星遥感-数值预报多源降水信息集成及水文应用
	DIMIAN GUANCE - WEIXING YAOGAN - SHUZHI YUBAO DUOYUAN JIANGSHUI XINXI JICHENG JI SHUIWEN YINGYONG
书　　号	ISBN 978-7-5630-8815-7
责任编辑	周　贤
特约校对	温丽敏
封面设计	张育智　吴晨迪
出版发行	河海大学出版社
地　　址	南京市西康路 1 号（邮编：210098）
网　　址	http://www.hhup.com
电　　话	（025）83737852（总编室）　（025）83787157（编辑室）
	（025）83722833（营销部）
经　　销	江苏省新华发行集团有限公司
排　　版	南京布克文化发展有限公司
印　　刷	广东虎彩云印刷有限公司
开　　本	787 毫米×1092 毫米　1/16
印　　张	9.75
字　　数	200 千字
版　　次	2024 年 1 月第 1 版
印　　次	2024 年 1 月第 1 次印刷
定　　价	82.00 元

前言

Preface

　　在特殊地理位置、地形条件以及季风气候复合影响下,我国降雨时空分布极不均衡,一直以来都是世界上水旱灾害最多发的国家之一。中华人民共和国成立以来,随着水利工程基础设施体系日趋完善及水文监测预报预警服务能力持续提高,我国综合防控与科学应对水旱灾害的能力明显增强。然而,随着全球气候变化、下垫面改变及高强度人类活动的不断加剧,强降水、洪涝、高温干旱等极端水文事件发生频率和强度呈增加趋势,流域降水、径流等气象水文要素模拟预测的不确定性更高,亟待发展新时期雨洪预测预报技术研究,以提高水文预报精度和延长有效预见期。

　　高精度、长预见期的水文预报信息是提升流域水旱灾害防御应对能力的重要支撑。传统基于地面站点观测或空间插值降水的预报方式,因不能准确刻画降水时空分布而影响预报精度,同时有效预见期局限于流域汇流时间。研究降水时空估计与定量预报方法是改善水文预报效果的重要途径,也是水文水资源领域的重点和难点之一。近年来,空-天-地降水立体观测技术与联合测报方法不断推陈出新,地面空间插值、卫星遥感反演、数值模式预报等全球性降水数据集相继面世,为水文预报提供更多驱动数据的选择,但定量误差突出仍然是制约其可利用性的主要因素。本研究以增强降水时空分布监测预报能力、提高水文预报精度并延长预见期为目标,开展地面观测-卫星遥感-数值预报多源降水信息集成及水文预报应用研究。在开展基于地面观测数据的降水空间插值、综合解译典型遥感降水数据时空精度的基础上,提出考虑有雨无雨辨识的多源降水融合方法,构建兼顾分类和定量误差订正的数值预报降水统计后处理模型,最后将多源融合降水与订正后预报降水应用于水文预报,阐明提高预报精度及延长有效预见期的效用。

　　本书第1章论述研究背景与意义、国内外研究进展、研究目标与内容等;第2章开展基于地理时空加权回归的降水空间估计;第3章以地面插值降水数据为基准,系统评估MSWEP等典型全球卫星反演、再分析和多源融合降水数据集的时空精度;第4章提出考虑有雨无雨辨识的多源降水融合方法及通用性融合增益评估框架,分析较传统方法的优势与不足,并评估融合方法提高分类能力与定量精度的效益;第5章构建耦合经验分位数映射与伯努利-元高斯联合分布的数值预报降水统计后处理模型,阐明所提方法兼顾分类和定量误差订正的效益,并解析其延长预报降水有效预见期的作用;第6章将多源融合降水与预报降水应用于水文预报,评价降水驱动数据精度改善在提高日径流预报精度和延长洪水预报有效预见期方面的增益;第7章为结论与展望。

本书第1章由李伶杰、王银堂、胡庆芳编写,第2章由李伶杰、刘勇编写,第3章由李笑天、王磊之编写,第4章由李伶杰、云兆得、高锐编写,第5章由李伶杰、王磊之、高锐编写,第6章由李伶杰、胡庆芳、张野编写,第7章由李伶杰和王银堂编写。全书由李伶杰负责统稿,王银堂负责技术审定。

本书是在“十四五”重点研发计划课题“洪涝灾害多元信息集成监测预报与智能调度技术”(编号:2021YFC3000104)、“水库群调控影响下多尺度来水广域信息挖掘与预测预报技术”(编号:2022YFC3202802)、“十三五”重点研发计划课题“多源雨洪信息综合挖掘与预测预报方法”(编号:2016YFC0400902)、国家自然科学基金项目“基于深度学习的集合预报降水统计后处理方法及其水文应用”(编号:52009081)及南京水利科学研究院出版基金联合资助下完成的。由于作者水平有限,编写时间仓促,书中难免存在缺陷与不妥之处,有些问题有待进一步深入探讨和研究;文献引用也可能存在挂一漏万的问题,希望读者批评指出,并将意见反馈给我们,以便后续更正。

作者

2023 年 10 月于南京

目录

Contents

第 1 章

绪论

1.1 研究背景与意义

水文预报是水利行业的一项重要基础性工作,可为强化洪涝灾害应对能力、优化水利工程运行管理等提供科学决策依据。长期以来,水文预报以提高预报精度、延长有效预见期为主要发展方向[1]。传统预报方式将"落地雨"(雨量站观测或空间插值降水)输入水文模型,降水量大小与时空分布误差对于水文预报精度会产生直接影响[2-3],同时有效预见期不超过流域汇流时间,难以满足流域防洪减灾的实际需求。因此,研制空间连续、高精度、长预见期的降水时空数据对于提升水文预报水平具有极其重要的现实意义。

然而,受地形、气候及人类活动等多重因素的交织影响,降水呈现复杂的时空变异性,导致其成为最难精准估计和定量预报的气象变量。对于降水时空估计而言,地面气象站或雨量站是传统的直接观测手段,可靠性最高,但受限于站网密度不足和空间分布疏密不均,无法获取可靠的连续降水空间分布[4-5]。在过去几十年,随着空-天-地观测技术迭代升级与反演算法的改进,一系列覆盖全球、空间连续、高时空分辨率的卫星、雷达反演和模式再分析格点降水数据集相继面世,大量研究指出这些数据集在表征降水空间分布方面具有一定的优势,但定量误差突出是影响其有效应用的主要问题,并且误差受气候、地形、地理位置及时空尺度影响较大[6-7]。上述异源异质降水各具有不同的优势,通过融合来源、分辨率和精度不同的降水数据及其他相关辅助信息,实现空间尺度与数据精度的平衡互补,已成为获取高分辨率、高精度降水时空信息的主要途径。对此,学界已提出了克里金、最优插值、贝叶斯滤波、贝叶斯加权平均等成熟融合方法[8-10],在提高降水时空估计精度方面展现了不错的效果,但现有主流算法多以提高降水定量精度为目标,而对于改善分类辨识能力的关注明显不足,漏报和误报问题仍然突出,同时对于定量误差削减仍有一定的探索空间。

对于降水预报而言,多源观测系统及数值模式研发推动数值天气预报技术不断进步,ECMWF(European Centre for Medium-Range Weather Forecast)等全球中期集合数值预报模式可提供较长预报时效的降水信息,将其与水文模型耦合已成为延长水文预报有效预见期的重要发展方向[11]。然而,受初值及模式误差等因素的影响,预报降水信息定量误差仍然较大,从而制约了其在水文预报业务中的应用[12]。学界在发展高分辨率中尺度模式、采用更完整非静力完全可压缩方程、完善次网格物理过程参数化和数据同化方案等方面开展了大量探索[13-15],但数值降水预报的性能仍有较大提升空间。另有一些学者从统计角度持续开展数值降水预报的订正误差等后处理研究,这对于提高预报降水的可利用性同样是不可或缺的工作。主流方法包括联合概率分布、集合模式输出统计等[16-18]，它们多侧重于削减定量预报误差、提高预报技巧，而在降低定性预报误差方面的效用并不明显，如何兼顾定性与定量误差削减是降水统计后处理领域亟待突破的难点。

鉴于此，本研究面向水文预报的实际应用需求，从改善降水驱动数据的质量着手，开展地面观测-卫星遥感-数值预报多源降水信息集成新模型新方法研究，具体包括基于地面站网观测的降水空间分布估计、基于地面观测-卫星遥感的观测降水信息融合、以融合降水为基准的数值预报降水统计后处理3部分。结合数学试验，解析所提方法的有效性，并开展融合降水与预报降水驱动的水文预报应用研究，阐明提高洪水预报精度与延长有效预见期方面的时空增益。

1.2 国内外研究进展

降水空间分布是水文、气象、环境、农业等学科研究的重要基础信息，一直是国内外学者关注的研究热点。本研究所述全球性降水数据，包括遥感反演、数值天气模式预报、大气再分析及多源融合降水数据等，主要针对降水估计方法、降水信息误差校正方法及其水文应用情况进行了系统回顾与评述。

1.2.1 基于站点观测的降水空间插值

地面气象站或雨量计为传统的直接降水观测手段，观测数据结果可靠性较高。地面雨量站降水数据空间插值估计是基于地表雨量站观测数据，在特定的数学方法框架下对降水空间自相关性及降水与相关解释变量的空间互相关性加以挖掘、利用的过程。

降水空间插值主要沿着两个方向发展：一是引入新的数学统计理论或方法，完善空间相关性信息的表征和利用方式；二是引入更多解释变量，增加空间插值过程中的有效信息量。对于特定的降水空间插值算法而言，雨量站网信息越丰富，其估计精度也越高，但当雨量站网密度超过一定限度后，估计精度变化方向不明显[19]。引入辅助信息对于降水空间估计精度的作用则取决于两方面的因素：一是辅助信息与降水相关性的强弱，当两者具有较强的相关性时，引入辅助信息的效果较为显著；二是雨量站网信息的丰富程度，当站网密度较低时，引入辅助信息的边际效应则更为明显[20]。

降水空间插值算法可分为多种类型，其中主要类型有多元回归、地质统计学、高精度曲面建模、机器学习和混合插值这5类方法。选取其中不同种类的降水空间插值方法进行介绍，见表1.1。多元回归模型通过建立降水与解释变量之间的线性或非线性函数关系定量估计降水空间分布，通过引入地理加权回归模型（Geographically Weighted Regression，GWR）[21]和广义可加模型（Generalized Additive Model，GAM）[22]等新回归方法,更好地描述降水与相关影响因素间的空间非平稳性和非线性响应关系。地质统计学方法是借助变异函数,研究兼具随机性和结构性的自然现象的统计学分支。地质统计学方法是普通克里金(Ordinary Kriging,OK)、泛克里金(Universal Kriging,UK)、带外部漂移的克里金(Kriging with External Trend,KED)和协同克里金(Co-Kriging,CK)等一系列算法的统称[23]。高精度曲面建模(High Accuracy Surface Modeling,HASM)是基于微分几何理论提出的一种空间插值和预测方法,根据空间曲面第一类和第二类基本量满足的 Gauss-Codazzi 方程,HASM 将曲面模拟问题转化为对称正定的大型稀疏线性方程组问题[24-27],该方法的主要不足是不能直接处理具有明显趋势性成分的空间要素插值。机器学习算法是基于数据驱动分析的思路解析有关变量之间的关系,其估计结果只取决于输入和输出变量之间通过样本训练所建立的灰箱或黑箱关系,不需要采用明确的数学公式,且具有较强的处理非线性关系的能力。机器学习算法对于处理影响因素比较复杂、物理机制不完全清晰的降水空间估计问题比较有效。目前,人工神经网络[28]、关联规则挖掘[29]、模糊推理[30]、随机森林[31]等机器学习算法均已成功应用于降水空间插值中,并取得了一定效果。混合型插值算法则是通过集成不同算法,以提高降水空间估计精度。该类方法一般先采用某一种方法对预测变量进行初步估计,再通过另一种插值方法计算前一种算法的剩余成分,最后将 2 种算法的估计结果合成。

表 1.1　几种空间插值方法及介绍

方法	介绍
GWR GTWR	GWR 是一种变参数空间回归技术,其核心思想是认为因变量与自变量之间的关系是空间非平稳的,回归系数随空间位置变化而变化,该方法显著提高了对降水时空变异特征的解析能力[32]。地理时空加权回归模型(Geographical and Temporal Weighted Regression,GTWR)则是在 GWR 基础上引入时空距离权重[33]
GAM	广义线性回归模型的半参数扩展,通过联结函数建立响应变量期望值与预测变量光滑函数间的定量关系,具有解析响应变量与预测因子间非线性关系的能力,可比较灵活地探测数据间的复杂关系[34-36]
OK	只考虑预测变量的空间自相关性,假定空间变量结构性成分是局域平稳的
UK KED CK	考虑了辅助因素对预测变量空间分布的影响,同时利用了预测变量的空间自相关性及其与相关辅助变量的互相关信息,但在建模方式和计算过程上有所不同[37-38]
HASM	基于微分几何理论提出的一种空间插值和预测方法
RK	回归克里金方法(Regression-Kriging,RK)将广义最小二乘回归和 OK 结合起来,其建模较 KED 和 CK 更为灵活,在降水空间插值中已有不少应用[38-40]

虽然地面观测结果有较高的可靠性,但部分地区由于站点密度不足或空间分布疏密不均,如在高山、湖泊、沙漠、海洋等地区无法获取可靠的连续降水空间分布,严重影响了降水空间估计的准确性。

1.2.2 基于遥感反演的降水空间估计

1.2.2.1 雷达定量降水估计

雷达的主要工作原理是通过天线发射电磁波,电磁波遇到物体会进行散射,雷达接收到散射的电磁波后进行处理,测量物体的一系列信息参数,可得到目标物体位置等情况信息。

天气雷达是一种地基的主动微波遥感技术,利用云雨降水粒子对电磁波的后向散射特征与回波强度来推测扫描范围内的瞬时降雨强度,能够实现对降雨过程的动态追踪与三维扫描。作为降水定量估计的重要方式,雷达降水估计技术的发展主要依赖于两个方面:一是以双线偏振雷达、相控阵雷达等为代表的高性能天气雷达探测装置的不断应用;二是雷达降水反演算法的持续改进和雷达组网与拼图降水估计系统的建立[41-42]。双线偏振雷达能够同时发射水平和垂直2种线偏振信号,较单偏振雷达可从云雨粒子中获取更多回波参量,提高了天气雷达在回波识别、降雨类型判断、云雨微物理过程探测等方面的性能,对改善降水探测效果具有重要意义[43]。相控阵雷达能够快速精确转换探测波束,具有时空分辨率高、扫描盲区少等特点,强化了对中小尺度天气过程快速演变的探测能力[44]。

雷达降水反演涉及雷达观测数据质量控制和雷达回波-雨量转换两个方面。在雷达观测数据质量控制方面,首先需要对雷达设备定标,以尽可能校准和订正雷达自身工作参数。同时,还要消除或降低观测环境、观测对象变异对雷达观测基数据质量的不利影响,包括观测环境导致的雷达波束异常传播、波束遮挡、非降水回波,观测对象变异造成的雨团缺测、波束非均匀充塞、电磁波信号衰减等一系列因素[43]。对于雷达波速遮挡影响,可通过采用不同仰角混合扫描[44]和双偏振观测变量[45]等途径予以解决。

在雷达回波-雨量转换方面,通常的做法是基于雷达气象方程和雨滴谱分布,采用相同时间、相同位置反射率-降水数据对建立经验性的 $Z-R$ 回归方程。$Z-R$ 回归方程多采用幂指数形式,但实际上幂指数方程难以描述极为复杂的雷达回波-降水对应关系。因此,后来发展了基于实测雨量-反射率频率分布关系的概率配对法,该方法不依赖于相同位置和时间的样本对建立回归关系。概率配对法又包括普通的概率配对法、窗口概率配对法和窗口相关概率配对法等多种形式[46-48]。Hasan 等[49]还提出了一种基于核密度条件概率估计建立 $Z-R$ 关系的方法。总的来说,国际学界就雷达回波-雨量转换关系开展了深入的研究,但 $Z-R$ 关系常随地点、季节和降雨类型而具有显著差异,导致的雷达降水反演误差仍比较突出[44]。

1.2.2.2 卫星反演降水

在过去几十年里,随着传感器升级与反演算法的不断改进,一系列卫星、雷达反演和大气再分析降水估计产品相继面世。卫星降水反演具有适用于海洋、大型湖泊、高寒山区、荒漠等大范围探测降水信息的优势,因此卫星降水反演对于大尺度气候水文研究意义重大。根据源数据的差异,卫星降水反演算法可分为可见光及红外(VIS/IR)、被动微波(PMW)、主动微波(AMW)和多传感器联合反演(Multi-sensor Precipitation Estimation,MPE)4 种类型[50-52]。

VIS/IR 反演算法通过建立地球静止卫星光学传感器的可见光及红外光波段探测到的云类型、云面积、云顶亮温等云场信息与降水强度之间的统计关系,估算地表降水量[53-54]。VIS/IR 算法可获得连续的降水强度变化信息,但由于云顶亮温等云场特征信息与降水之间的关系并不直接,故 VIS/IR 反演降水的精度较低。PMW 算法利用极轨卫星搭载的微波辐射计探测信息反演降水。由于微波能够探测到云层内部降雨信息,故 PMW 算法比 VIS/IR 算法更为直接有效。PMW 降水反演算法大致可分为经验法、半经验法、物理模式法和物理廓线法[55]。而卫星主动微波遥感探测仪,星载测雨雷达不仅克服了光学传感器不能穿透大气云雨的缺陷,还能克服被动微波传感器不能提供降水垂直结构信息的缺点。

TRMM 卫星是世界上第一颗搭载测雨雷达的卫星,还携带了微波成像仪、可见光和红外扫描仪、云和地球辐射能量系统、闪电成像传感器等传感器,极大改善了降水反演精度。TRMM 卫星的仪器有 5 个:测雨雷达(Precipitation Radar,PR)、微波成像仪(TRMM & Microwave Imager,TMI)、可见光和红外扫描仪(Visible and Infrared Scanner,VIRS)、云和地球辐射能量系统(Clouds and the Earth Radiant Energy System,CERES)、闪电成像传感器(Lightning Imaging Sensor,LIS)[56]。其中,TRMM PR 极大地推动了 AMW 降水反演算法研究。标准 PR 算法通过星载雷达反射率垂直廓线估算真实的雷达反射率,建立起雷达反射率与降水速率之间的关系来反演降水[57]。而全球降水观测计划 GPM 核心卫星则装载了双频降水雷达 DPR,较单频的 TRMM PR 能更精确地估测降水,尤其是可以提升对微量降水及冷季固态降水的辨识能力[58-59]。但受极轨卫星对地观测方式所限,被动和主动微波反演均无法获得连续的降水强度信息。由于采用 VIS/IR 和微波(MW)信息估计降水各有优势和不足,因此综合两者的多传感器联合反演算法成为卫星降水反演的主要途径。MPE 算法分为标定法和云迹法两类[60],目前多数 MPE 算法属于前者。标定法的基本思路是通过建立 GEO-IR 和 MW 的经验关系,利用校正后的 IR 信息估算降水速率,GPCP、TMPA 等算法均属于标定法[61-62]。云迹法则基于 IR 获取的云运动矢量插补 PMW 信息,从而得到大范围降水速率,其代表是 CMORPH 算法和 GSMaP 算法[63-64]。MPE 算法及其数据集的发展与卫星和星载传感器密切相关。1997 年以前,MPE 数据源以 GEO-IR 和 SSM/I 数据为主(由 DMSP 卫星提供),这一时期发展了 AGPI 等算法,建立了 GPCP 等空间分辨率较粗的降水数据集

(2.5°×2.5°)。1997 年之后，TRMM、NOAA、EOS 卫星搭载的 TMI、PR、AMSR-E、AMSU-B 等传感器提供了更为丰富的微波遥感信息，产生了 TMMM 等多种具有较高空间分辨率的(0.25°×0.25°)的降水数据集。2014 年以来，随着 GPM 卫星及 DPR 的在轨运行，又产生了 IMERG 算法(Integrated Multi-satellitE Retrievals for GPM)，该算法可以校准并融合 GPM 星群所有微波、红外以及其他卫星传感器的数据，理论上对瞬时降水的估计精度更高。表 1.2 列出了 TRMM 以来代表性的全球或准全球卫星降水数据集的基本信息。

表 1.2 全球卫星反演降水产品基本信息

降水产品	时空分辨率	时空范围	时期
TMPA 3B42 RT	0.25°/3 h	50°S~50°N	1998—2020 年
CMORPH RAW/ADJ	0.25°/3 h 8 km/30 min	60°S~60°N	1998 年至今
GSMaP-MVK/GSMaP-NRT	0.10°/1 h	60°S~60°N	2000 年至今 2007 年至今
PERSIANN-CDR/PERSIANN-CCS	0.25°/6 h 0.04°/0.5 h	60°S~60°N	2000 年至今 2003 年至今
IMERG(Early, Late, Final)	0.10°/0.5 h	90°S~90°N	2000 年至今

卫星遥感的精准度受许多因素影响，国内外学者在世界各地进行了不同时空尺度的精度评估和误差解析。刘少华等[65]利用中国境内 2 257 个气象站点 1998—2013 年逐日降水资料，结合流域分区，采用探测准确性、相关系数以及相对误差等指标，对 TRMM 降水精度和一致性进行系统评价，发现 TRMM 日降水准确性从东南沿海向西北内陆递减。王兆礼等[66]基于地面雨量站点数据评估了 TRMM 3B42 V7 卫星降水反演数据产品在珠江流域的适用性及准确性，发现在网格尺度上大多数网格日尺度相关系数达到 0.60以上，月尺度相关系数达到 0.90 以上，TRMM 3B42 V7 产品在区域尺度上精度得到了进一步提高。Tan 等[67]通过试验证明，3B42 V7 产品对马来西亚降水综合表征能力较强。杨云川等[68]以长江上游金沙江流域典型高山峡谷地区为研究对象，利用该区域地面观测降雨量数据对 TRMM PR 3B42 V6 产品进行不同时间尺度的有效性评估，发现随高程的增加卫星数据的探测精度下降。Maggioni 等[6]对 4 种不同卫星降水数据在各大洲及海洋的精度评估结论进行了回顾，为卫星反演降水的合理选用提供了重要指导。Shen等[69]发现影响反演降水精度存在多种因素，在不同种卫星降水产品比较中 CMORPH 表现出明显优势。

影响卫星遥感反演降水的误差与精度因素也包括季节、下垫面条件等。同一种卫星降水数据在不同气候地理背景和时空尺度下的误差特征也有明显不同。相对非湿润区，卫星降水数据在湿润区的精度更高，在海拔高、地形起伏大的山区精度要高于平坦开阔地区。卫星降水数据精度还受地表类型影响,会高估内陆水域降水事件数量和量级。卫星降水数据精度还具有明显的季节性差异,在雨季精度相对较高,而在旱季精度相对较低。此外,卫星降水数据精度还与降水类型、量级有关,对降雪、雨雪混合性降水的辨识有较大偏差,且综合精度一般随降水强度增加而降低[10]。GPM 的出现和发展,为用户带来了更高精度、更高时空分辨率和覆盖更广的数据源,其中 IMERG 数据精度的评估成为当前的研究热点。Wang 等[70]运用 3 种不同的 GPM 产品(IMERG-E、IMERG-L、IME-RG-F)与 TRMM 3B42 V7 产品进行对比,并进行水文模型应用评价,发现 3 款 IMERG 产品的检测概率均明显高于 3B42 V7,但误报率较高。Tang 等利用地面观测小时降水数据,对中国大陆地区的 IMERG 产品进行逐小时评价,并与 3B42 V7 产品进行对比,发现 IMERG 产品在日内尺度、日尺度及 3 个空间尺度上均优于 3B42 V7,且在区域分辨率上差别更大。目前,最新版本的 IMERG 数据为 Version 06,已经回溯到 2000 年 6 月,Tang 等[71]将 IMERG V06 与 9 种卫星和再分析降水数据集在中国大陆的精度进行比较,揭示了该数据在小时尺度和日内变化方面的优势,但也发现较再分析数据低估了冬季降雪。GPM IMERG 数据在国内被广泛应用,并在不同地区进行适用性分析[72-74]。总的来说,纯粹的卫星降水反演数据的误差特征和影响因素比较复杂,尚难以直接应用于气象、水文预报模拟。

1.2.3 数值模式预报与再分析降水

数值预报是一种预测未来一定时段的流体运动状态和大气现象的方法。预报结果往往存在明显误差,经过不断研究发展,集合预报应运而生,不仅可以反映出数值气象预报存在的不确定性,也可一定程度上提高预报精度。

数值模式预报发展过程中衍生出许多数值模式预报产品,如 TIGGE(THORPEX Interactive Grand Global Ensemble)、ECMWF、CMA、CMC、NCEP、UKMO 和国产 GRAPES 等。其中,交互式全球大集合系统(TIGGE)资料在世界上广泛使用。TIGGE 将全世界各国的气象业务中心集合预报产品集中起来,形成超级集合预报系统,目前全世界在欧洲中期天气预报中心、美国国家大气研究中心和中国气象局共设有 3 个 TIGGE 集合预报产品数据中心,用户可通过网络直接获取所需资料[75]。欧洲中期天气预报中心(ECMWF)是一个包括 24 个欧盟成员国的国际性组织的国际性天气预报研究和业务机构,主要提供 10 天的中期数值预报产品[76]。GRAPES_Meso 是一种区域集合预报业务系统产生的东亚区域模式预报产品,该产品具有相当的正确性、有效性,已有研究对该系统进行了一系列标准测试和应用模拟实验,并且该系统已在我国实际气象业务中发挥了重要应用。GRAPES_Meso 对于强降水等强天气过程具有一定的预报能力,特别是其高时空分辨率的产品能够较好地描述过程的发生和发展[77]。

在数值模式发展的基础上,进一步发展了再分析降水数据。20世纪80年代后期,为解决气象研究高分辨率、高质量、长序列气候资料集的要求,国际上提出了利用资料同化技术融合数值天气预报信息与站网、遥感观测资料来恢复长期历史气候记录的途径,这就是所谓的大气再分析。大气再分析是在统一的物理动力模式下,对不规则的观测资料和规则的模式计算结果的集成或同化,能够提供包括长序列降水在内的具有空间一致性和时间连续性的气候要素信息,为不同时空尺度上气象水文研究提供了重要基础数据。目前国际上影响较大的全球性大气再分析资料主要由美国、欧盟和日本研制,表1.3列出了主要再分析系统输出数据的基本信息。美国国家环境预测中心(National Center for Environment Predication,NCEP)和大气研究中心(National Center for Atmospheric Research,NCAR)基于三维变分同化技术开发了NCEP/NCAR Reanalysis 1,其资料序列自1948年至今,最高时间分辨率为6 h、空间分辨率为$2.5° \times 2.5°$[78]。NCEP与美国能源部(Department of Energy,DOE)又进一步提出了NCEP/NCAR Reanalysis 1的改进版本——NCEP/DOE Reanalysis 2,其数据序列自1979年至今,空间分辨率提高至$0.5° \times 0.5°$[79]。NCEP还研制了NCEP-CFSR资料,其最高时间分辨率达到1小时,空间分辨率达到$0.5° \times 0.5°$,数据序列自1979年至2010年。目前,美国国家环境预报中心(Climate Forecast System Reanalysis,CFSR)研制的CFSR已更新到第2版CFS V2,其空间分辨率达到了$0.20° \times 0.20°$,但尚未演算至2011年之前[80]。美国国家航天局NASA也研制了全球性再分析资料MERRA,但其时空分辨率不及NCEP-CFSR[81]。欧洲中期天气预报中心采用ECMWF综合预报系统和四维变分同化技术研制了ERA-Interim资料,这是今后将发布的ERA-70数据集的前期资料。日本气象厅(Japan Meteorological Agency,JMA)研制的JRA55资料,最高时间分辨率为3小时,空间分辨率为$0.562\,5° \times 0.562\,5°$,数据序列回溯至1958年[82]。我国也研制出了全球再分析降水产品——CRA-40,该产品为中国第一代全球大气/陆面再分析数据,研制至今已被广泛应用,该产品的时间分辨率为6小时,陆面再分析产品时间分辨率为3小时。此外,CRA不仅包含过去40年的数据资料,还能以6.5小时至9小时的时效追加更新,满足业务应用的实时性要求[83]。

随着时空分辨率的不断提高,再分析降水资料在气候分析和水循环模拟等方面的价值引起越来越多的重视。叶梦姝[84]通过对比分析中国地面气象站CRA-Interim、ERA5、JRA55 3种大气再分析资料,并以2012年北京"7·21"特大暴雨过程及2014年"华西秋雨"为例,通过试验发现再分析降水精度受地形地势(山区与平原)、降水量时空分布及尺度(干旱区与降水偏多区,降水强弱)、季节等不同因素的影响。Prakash等[85]把CMAP、ERA-Interim和NCEP 3种再分析降水数据与GPCC数据集在全球尺度对比发现,所有降水产品都可以定性表征降水的大规模尺度的重要特征及其变异性,且在3种再分析降水产品中,ERA-Interim 总体上优于 NCEP/NCAR Reanalysis 1 和 NCEP/DOE Reanalysis 2。Nogueira[86]对 GPCP 与 ERA-Interim 以及 ERA5 进行全面比较发现这 3 个数据集的长期降雨趋势模式存在显著差异。Lin 等[87]指出 NCEP-CFSR、ERA-Interim 等 5 种再分析降水资料均可较好地再现 1979—2011 年全球季风性降水实际过程,其中 ERA-Interim 的表现最好。Gleixner 等[88]发现,ERA5 资料在非洲大部分地区,气温和降水方面的气候偏差明显减少,年际变化的代表性得到改善。然而 ERA5 与 ERA-Interim 在捕获长期趋势方面表现不太好,但极端年降水的空间分布在 ERA5 中却有较好的代表性。Hua 等[89]指出,再分析降水捕捉了参考资料中降雨季节周期和季节演变的主要特征,但也表现出明显的时空扩散特征。

表 1.3 大气再分析降水数据的基本信息

再分析资料	同化算法	时空分辨率	时空范围
NCEP/NCAR Reanalysis 1	三维变分	$2.5°×2.5°/6$ h	全球 1948 年至今
NCEP/DOE Reanalysis 2	三维变分	$0.5°×0.5°/6$ h	全球 1979 年至今
NCEP-CFSR	三维变分	$0.5°×0.5°/$h	全球 1979—2010 年
MERRA	三维变分	$0.5°×0.67°/$d	全球 1979 年至今
JRA55	四维变分	$0.562\ 5°×0.562\ 5°/3$ h	全球 1958 年至今
ERA-Interim	四维变分	$0.75°×0.75°/6$ h	全球 1979—2019 年
ERA5	四维变分	$0.25°×0.25°/$h	全球 1940 年至今
CRA-40	四维变分	$0.25°×0.25°/6$ h	全球 1979 年至今

数值模式预报、气象观测资料和同化系统的差异使得不同再分析降水资料的性能具有明显差异,且同一种数据在年代际、年际和年内尺度上的模拟能力也不同。由于卫星遥感资料大多起始于 1979 年后,故 20 世纪 70 年代以前再分析资料质量较差,应用该时段再分析资料时要特别谨慎[10]。

1.2.4 多源降水融合与预报降水统计后处理

1.2.4.1 多源降水融合方法

地面雨量站可提供相对准确的局部降水信息,但其观测能力受限于站网密度和空间分布,而雷达或卫星反演降水与再分析降水资料空间连续性强、覆盖范围广,但局部误差比较突出,两类降水信息形成了明显的劣势错位与优势互补。学者们尝试在一定的优化准则下,将地面雨量计观测、雷达或卫星反演、大气再分析等不同数据来源、时空分辨率和精度的降水信息乃至其他相关辅助信息集成在一起,通过取长补短,从而更合理、准确地估计降水空间的真实分布情况,这是多源降水融合的基本出发点。

目前,国际上已发展了一系列降水融合算法。Hu 等[10]提出,将降水融合算法归为 3 类,分别为初始场修正模式、辅助信息插值模式和最优配准模式。初始场修正模式算法中先采用一种或几种降水信息构建一个粗略的初始场,然后采用其他降水信息在一定优化准则下修正初始场,得到降水分析场(类似于后验信息),以代表降水"真实"的空间分布状态。辅助信息插值模式算法是以遥感和模式降水信息作为辅助变量,以地表站网观测信息为主变量,然后再用某种空间插值方法估计真实降水分布。最优配准模式将不同降水信息在一定优化准则、目标下组合或配准。初始场修正模式包含客观分析(OA)、最优插值(OI)、贝叶斯融合(BF)、尺度递归估计(SRE)等方法;辅助信息插值模式包括协克里金(CK)、带外部漂移的普通克里金(KED)、广义相加模型(GAM)、地理时空加权回归模型(GTWR)等方法;最优配准模式包含贝叶斯模型平均(BMA)、概率密度匹配(PDM)以及变分(VA)等方法,以上主要降水融合算法基本原理与特点见表 1.4。

表 1.4　主要降水融合算法基本原理与特点

类型	方法	基本原理	技术特点
I 类	OA[90]	一般由遥感或再分析降水资料生成降水初估场,再通过某一空间邻域内的地表观测值与初估场差值的加权平均逐步订正初估场	属经验性局部订正方法,不考虑地表降水观测误差,订正权重取决于地表观测点的空间关系,其设置具有主观性,所得降水分析场并非最优估计结果
	OI[91]	由某一空间邻域内地表观测值与初估场差值的加权平均修正初估场,基于误差方差最小准则求解的最优权重进行一次性修正	属局部最优估计方法,避免了权重选取的主观性,需预先求取观测场和背景场误差及其空间结构。一般假定观测场误差及其与背景场误差在空间上不相关。可给出分析误差的方差估计
	BF[92]	采用某种降水信息推求先验分布,采用其他降水信息推求似然函数,由 Bayesian 公式更新先验分布,得到降水后验概率密度分布,以后验概率密度分布的期望值作为降水估计结果	提供了一个多源降水数据融合的概率分析框架,对于正态分布可给出降水后验概率密度分布的解析解,但对于非正态分布不能直接给出解析解或只能给出数值解。能够提供分析结果的不确定性度量
	SRE[93]	采用带随机项的状态方程描述不同尺度上降水的转换关系,综合 Kalman 滤波和随机瀑布模型,通过向上尺度的滤波和向下尺度的平滑两个过程,实现降水信息融合与空间尺度转换	将空间降尺度和多源信息融合有机结合在一起,可得到不同尺度上的降水估计结果。能够实现 2 种或 2 种以上降水数据的融合,并可提供分析结果的不确定性度量
II 类	CK[94]	一般将地面降水观测信息视为主变量,将遥感或再分析降水视为辅助变量,建立主变量与辅助变量间的协变异函数,采用 CK 方程组求解权系数后得到降水估计结果	属局部最优估计方法,根据对协变量利用方式不同有不同形式。当辅助变量较多时协变异函数计算复杂,且只有当辅助变量与主变量相关性较强时,才能取得较好的估计效果。通过 CK 方差提供对降水估计结果的不确定性度量

类型	方法	基本原理	技术特点
Ⅱ类	KED[95]	采用遥感、再分析降水或其他辅助信息描述降水局域变化趋势，降水估计结果仍表达为一定邻域内地表实测值的加权平均，空间趋势成分对估值的影响由 KED 方程组约束条件反应	需要确定降水剩余成分的空间变异函数，但剩余变异函数与局部趋势性成分的估计相互耦合，需要采用迭代法或其他特殊处理方法求解，可提供估计的误差估计方差
	GAM[96]	降水估计结果为光滑样条函数与趋势成分之和，趋势成分以遥感、再分析降水或其他辅助信息的线性回归形式描述，通过最小化包含误差平方和及样条函数粗糙度的目标函数得到分析结果	假定误差均值为零、误差方差在空间上平稳，趋势性成分一般表达为协变量的全局性线性回归，能提供对降水空间估计结果的不确定性度量指标
	GTWR[97]	属局部变系数回归模型，认为降水与影响因素之间时空相关性是非平稳的，通过空间变系数将多源降水集成到定量估计模型中	将降水空间估计拓展到三维时空领域，能够定量描述遥感降水、再分析降水以及地理地形因素与"真实降水"之间的非平稳时空关系，具有较强灵活性，提供降水空间估计结果误差方差
Ⅲ类	BMA[98]	将任意一种降水数据视为对降水真实状态的一种可能估计，以后验概率密度值衡量其重要性，最后取加权平均作为分析结果	可以实现多种降水信息之间的融合，以后验方差形式提供对估计结果的不确定性度量。该方法的关键是权重系数的迭代求解，一般采用期望最大化方法
	PDM[49]	将降水分析结果表达为不同降水数据的加权平均和，使降水分析结果对应的概率密度分布与原始数据之间具有最大重叠性	欠缺严格的理论假定，需采用迭代方法求解，不直接提供降水空间估计结果的不确定性度量指标，估计误差要通过统计误差指标反映
	VA[8]	根据变分原理，通过最小化降水分析场和初始场、观测场之间的代价函数，直接寻求泛函意义上的最优估计结果。代价函数一般是降水分析场与初始场、观测场之间"距离"的加权平均和	属全局优化方法，不仅可使降水分析场与初始场、观测场之间的距离在加权最小二乘意义上最小，还可将其他特定条件或目标纳入代价函数中。需预先估计观测误差和初始场误差的协方差函数，并采用数值方法求解，不直接提供对估计不确定性度量指标

　　以上算法其中不少是建立在空间插值算法的基础上的，这反映了空间插值到多源降水融合在数学方法上的密切联系。而从降水信息的角度来看，上述算法涉及 2 种及 2 种以上降水数据的融合。其中，既涉及雨量计与雷达、卫星或再分析降水资料的融合，又涉及多种卫星或再分析降水资料的融合。由于不同降水数据的时空分辨率往往不同，因此降水融合不仅涉及降水量数值的匹配，还涉及时空尺度上的匹配，但目前多数融合算法着重于前者。多源降水融合既是对不同降水信息集成的过程，也是对误差加以平衡和匹配的过程。降水融合方法在给出降水分析结果的同时，还需给出估计结果不确定性的度量指标。

　　为阐明降水融合的有效性，需要辨识降水融合后的数据是否比单一数据具有更好的精度。国内外采用不同的方法和信息源开展了大量的降水融合试验研究。胡庆芳[99]采用 GWR 方法构建降水信息融合模型并开展融合试验，发现在雨量站网密度约为 1 站/7 500 km² 时，雨量站网观测信息融合可明显提高降水估计的准确性。Beck 等[100]对 CMORPH 等 5 种非地面校准的卫星降水产品、ERA-interim 等 3 种再分析降水和 GPCP 等地面插值降水数据，采用逐网格加权集合算法研制了多源加权集合，生成一套 1919—2015 年全球 0.25°空间分辨率、3 h 时间分辨率的网格化降水产品 MSWEP(Multi-Source Weighted-Ensemble Precipitation)。关于 MSWEP 与其他格点降水估计产品的比较已在全球和区域尺度广泛开展[101-105]。Beck 等[101]作为研发人员，将 MSWEP 与 12 种非雨量站订正的卫星反演和再分析降水在全球尺度上开展评估，发现 MSWEP Version 2.0(V2)与地面雨量计观测的时序相关性最高，其次为再分析和卫星降水，并且对于全年无雨日数和长期降水平均值的估计效果优于其他产品。在 the conterminous United States(CONUS)验证得到 MSWEP V2.2 在 11 种经雨量计校正的降水数据集中对日降水的总体表征效果最佳，所有栅格的 Kling-Gupta Efficiency (KGE)基本全部接近于 1[102]。在中国大陆特别是青藏高原等区域也发现 MSWEP 能够较好地捕捉日降水量时程变化，对于降水的分类辨识能力也较高，但低估了季风区降水，高估了青藏高原降水[103-104]。赵静等[105]研究发现 MSWEP 对太湖流域台风降水量、梅雨量和汛期降水量也具有相当表征能力。总体上，MSWEP 具有较强表征地面降水时空分布的潜力。

1.2.4.2 预报降水统计后处理方法

水文气象预报由于在预报模式初始及边界条件、水文模型结构和模型参数等方面存在不确定性，导致原始预报往往存在系统偏差。统计后处理为原始水文气象集合预报系统偏差的校正、不确定性的量化以及空间降尺度等问题提供了有效的解决途径。统计后处理存在多种类型方法，本研究主要介绍单模型类预报法，包含早期经验性方法、联合概率分布类方法和 EMOS(Ensemble Model Output Statistics)类方法，方法类别及介绍见表 1.5。

表 1.5 单模型后处理方法

类型	主要方法	介绍
早期经验法	相似预报法(Analog)[106]	参考历史预报数据集，将与当前预报相似的历史预报进行对比，将这些历史预报对应的观测组成新的集合预报。相似预报为最早经验预报法，其受数据集历史长度的影响极大
	分位数映射法 (Quantile Mapping, QM)[107]	通过调整预报累积概率分布函数，将其转换为观测的累积概率分布函数。该方法虽然使用广泛且相对简单，但因该方法没有考虑到观测与预报的相关性，有时可能会将原始预报向错误的方向调整，无法保证预报的可靠性

续表

类型	主要方法	介绍
联合概率 分布法	基于亚高斯分布模型 (Meta-Gaussian Distribution, MGD)[108] 模型条件后处理器 (Model Conditional Processor, MCP)[109] 贝叶斯联合概率模型 (Bayesian Joint Probability, BJP)[110]	联合概率分布类后处理方法首先建立观测与预报的联合概率分布, 然后再从联合概率分布推导出给定预报条件下观测的条件概率分布, 作为经过后处理的概率预报。根据模型不同, 而产生不同类型的联合概率分布法
EMOS 类 方法	集合模式输出统计 (EMOS)[111]	利用集合预报方差等体现集合离散度的指标作为集合离散度的预报因子, 可以使得预报方差随着原始预报集合离散度而变化, 体现"非均匀"方差特征

目前, 对于单模型预报统计后处理方法可以分为参数方法和非参数方法两类。参数方法需要一定的概率分布假设, 在对新的预报数据进行应用时, 需要验证这些假设的适用性。非参数方法如分位数回归、相似预报法等则不需要进行概率分布的假设, 但是需要较充足的训练数据。基于上述方法, 学界也研究出一系列改进方法, 如混合类型亚高斯模型(Mixed-type Meta-Gaussian Distribution, MMGD), 依据观测与预报是否为零值分成 4 种情况, 然后对每种情况分别建立预测模型, 该模型比较适用于短历时降水预报(如 6 小时累积降水)的后处理问题。这类模型的优点是每一种情况的预测模型比较简单, 缺点是需要建立多个预测模型, 参数个数较多[112]。另一类方法则是对零值与非零值降水数据从整体上建立一个预测模型, 如亚高斯后处理模型, 该模型在对日降水的后处理问题中通常可以达到比较好的效果。这类模型的优点是参数个数较少, 但在参数估计时需要对降水数据中的零值采用特殊处理方法。目前, 这两种亚高斯后处理模型共同组成了气象集合输入处理器(Meteorological Ensemble Forcing Processor, MEFP), 在美国国家天气局(National Weather Service, NWS)的水文预报系统(Hydrologic Ensemble Forecast System, HEFS)中得到应用。

1.2.5 降水估测与预报信息的水文应用

地面观测、卫星反演、大气再分析等多种来源降水信息, 通过一种或多种融合方法产生出的降水信息数据集, 已经被广泛应用于天气系统识别、水文模拟、水文预报、干旱评估与预测、设计暴雨计算等不同领域。

卫星、再分析降水数据拥有广泛的水文应用。Tobin 等[113]考察了卫星降水产品在全球各地 10 个流域的应用, 发现 TRMM 3B42 V7 具有支持小于 10 000 km² 流域建模的潜力。吴勇[114]基于 GR4J 和 GR2M 水文模型, 利用 MSWEP 降水数据进行流量模拟, 发现 MSWEP 降水数据在水文干旱监测方面具有应用潜力。

降水融合信息的水文应用方面。王兆礼等[66]选取东江和北江流域为研究区域,基于地面雨量站点数据评估 TRMM 3B42 V7 产品的精度及实用性,并结合 VIC 模型进行水文模拟加以验证。对比分析发现,当水文模型由地面雨量站点数据率定时,该产品数据水文模拟效果不佳,而由该产品数据重新率定水文模型时径流模拟效果有了较大改善,因此 TRMM 3B42 V7 可在一定程度上作为资料缺乏地区的降水数据来源。黄依之等[115]将网格大小为 $0.25° \times 0.25°$ 的 CMORPH 卫星反演数据和站网数据分别作为新安江模型的日模型输入,并评估水文过程模拟精度,发现基于 CMORPH 卫星降水的新安江模型对于中小流域总体模拟精度较高。胡庆芳[99]在赣江流域构建 WBM-DP 模型以及 GR4J 模型,开展了地面站网与卫星降水信息融合数据在流域水文模拟中的应用研究,发现降水融合数据对赣江流域径流模拟精度的改善作用存在不均匀性,同时受站点空间分布的影响。张华岩[116]以北江流域为研究区域,采用平均偏差校正(MBC)、地理加权回归(GWR)和双核平滑(DS)方法构建了降水融合模型,将 TRMM 反演降水产品与地面站点降水数据相融合,并利用不同种融合数据驱动 SWAT 模型进行径流模拟,认为 DS 与 GWR 方法能有效改善卫星降水数据的水文过程模拟精度。王嘉志等[117]也通过研究发现 CMORPH 地面卫星融合数据可有效检测淮河流域春季的干旱。

预报降水的水文应用方面。叶金印等[118]以沂河流域为研究区域,将 TIGGE 集合预报中心的 ECMWF、NCEP、CMA 降水数据输入到分布式水文模型 TOPX 中进行洪水预报及早期预警,研究发现 TIGGE 与水文模型的耦合能够较准确地预报洪峰出现时间及洪峰流量所带来的风险概率。黄艳伟等[119]利用 CFSR 系统反演的全球再分析数据,以辉发河流域为研究区域,比较了 CFSR 数据集和实测气象数据精度并构建水文模型,发现在将 CFSR 数据集应用于流域水循环模拟时应全面评价 CFSR 中各气象因子的精度及其对水循环各组分模拟结果的影响,并认为对数据集中各要素进行全面校正可能会得到更为准确的模拟结果。

1.3　存在问题与发展方向

获取高精度、长预见期的降水信息是提高水文预报精度、延长有效预见期的重要途径。近年来,降水空-天-地观测技术与联合估测预报方法不断推陈出新,高精度、长系列、覆盖全球性的降水数据集也相继面世,无论是在理论方法还是数据产品上均有力推动了降水时空分布估计精度与定量预报水平的提升。然而,面向水文预报应用需求,从地面雨量站网空间插值、遥感与再分析降水可利用性评价与提升、数值预报降水统计后处理、监测与预报降水栅格数据集的水文应用等方面还存在一系列问题亟待突破。

（1）集成时序自相关信息的降水空间插值方法及效果有待进一步探索

在基于站网观测信息的降水空间估计中，降水量与地理协变量相关性的时空非平稳性未能得到深刻认识，影响了地理信息的差异化利用。另外，在地理信息科学领域已经认识到在研究变量的空间分布估计中考虑时间维度信息可以改善估计精度。而降水恰好具有一定的时间自相关性，即过去一段时间内的降水可能对当前时刻的降水状态产生影响，可见在降水空间估计中利用历史时间维度上的观测信息具有改善降水空间分布合理性的潜力，而目前降水空间插值所用信息仍停留在空间维度上，将时间信息纳入降水空间估计模型的研究亟待开展。

（2）全球性降水数据集的时空误差及构成特征有待深入解析

全面认识全球性降水数据集的时空精度对于提高降水估计精度、深化相关应用具有重要指示意义。然而，由于长系列、高密度地面观测数据的获取十分困难，目前对降水数据集的检验主要针对局部时段开展，对降水数据集在长时序范围内时空精度的认识还相对缺乏，并且对时空精度的误差特征分析多集中在年、月、日尺度上，对小时等短历时强降水监测性能的关注明显不足。此外，对误差的定量解析多集中于总误差层面，对于击中、漏报、误报等不同性质分误差的认识仍然有限。因此，全球性降水数据集的时空误差及构成特征有待深入完整解析。

（3）主流多源降水融合与预报降水误差订正方法的固有症结亟待突破

多源降水信息融合是目前获取空间连续、高时空分辨率、高精度降水数据的重要途径。主流的融合方法一般直接以降水量误差最小作为多源信息优化配准的目标函数，由于缺乏对降水有雨/无雨区空间范围的辨识，导致融合结果常包含一定的误报和漏报误差，因此亟待发展考虑降水有雨无雨的降水融合新方法，以进一步提升降水估计的时空精度。关于数值预报降水误差订正，学界提出了联合概率分布、BMA 和 EM-OS 等一系列有效降低定量误差的方法，但对于有雨/无雨的二分类定性误差削减效果关注不足，如何实现定性与定量误差的综合订正，是预报降水误差订正研究亟待解决的问题。

（4）典型降水数据集与估测方法的水文预报应用及增益有待拓展与深化

全球性降水数据集迭代更新与估测方法不断发展，在提高降水估计与预报精度的同时，也可为水文模拟与预报应用提供高质量的驱动数据。目前，围绕月、日径流模拟与预报的应用已广泛开展，但应用于场次洪水滚动预报的研究相对较少。另外，典型数据集、估测方法与水文预报耦合应用的定量增益，特别是在提高水文预报精度、延长有效预见期方面的效益尚未形成清晰认识。鉴于此，仍需持续推进降水数据集与估测方法的水文预报应用研究，从而为提高水文预报水平提供有益借鉴，这对降水估测方法的改进具有重要指导意义。

1.4 研究目标与内容

1.4.1 研究目标

针对水文预报精度提高与预见期延长受制于降水时空分布信息误差突出的问题,构建多时空尺度网格降水信息精度评估体系,在分析遥感反演与模式预报降水信息时空精度特征的基础上,建立地面观测-卫星遥感-数值预报多源降水信息融合模型,开展不同信息源的降水融合试验,辨识融合降水精度相对于原始预报降水的时空增益,并阐明融合降水在水文预报应用中改善预报精度效益的时空非平稳性,深化对降水融合有效性在时空维度上的认识,为提升洪水预报精度与延长预见期提供有益借鉴。

1.4.2 研究内容

结合研究目标,首先,基于地面雨量站观测信息的降水空间插值,引入地理时空加权回归技术将传统的空间插值扩展为时空插值,分析时空技术的应用效果,同时为精度评估输出高质量的基准降水数据集。其次,基于地面观测降水数据,系统评价典型全球降水产品的多尺度时空精度并解析其误差组成结构,认识各降水数据在表征地面降水方面的潜力及不足。再次,基于地面观测与典型遥感反演降水,建立考虑有雨无雨辨识的多源降水信息融合模型,解析融合模型提高降水时空估计精度的有效性,并给出推荐融合方案。然后,以推荐方案研制的融合降水数据为基准,辨识数值预报降水的时空精度特征,发展兼顾定性和定量误差订正的数值预报统计后处理方法,评价新方法延长预报降水有效预见期的增益。最后,将多源融合降水与误差订正后预报降水应用于水文预报,阐明降水驱动数据质量提高对于改善水文预报精度与延长有效预见期的效用。

本书主要内容如下:

第1章介绍了研究背景与意义、国内外研究进展及存在问题与发展方向、研究目标与研究内容、研究区域与数据等。

第2章基于地理时空加权回归的降水空间估计。介绍地理时空加权回归的原理与方法,在分析蚌埠流域降水与地理信息相关性的时空非平稳性的基础上,引入地理时空加权回归(GTWR)构建降水空间估计模型,重点研究不同站网密度下降水空间估计精度的变化特征及考虑过去相依时段观测信息的改善效益,同时探讨了引入高程信息对降水估计精度的影响,最后为典型全球降水数据集精度评估分析提供参考降水数据集。

第 3 章典型全球降水数据集的可利用性评估。以地面插值降水数据为基准,以广受学界青睐的 MSWEP 数据为核心,选择两种研究型卫星反演降水 TRMM 3B42 V7、CMORPH BLD 与再分析降水 ERA5 作为对比,从总体效果、时序精度、空间精度和不同强度降水估计效果 4 方面综合比较它们对地面日降水的分类辨识和定量估计能力,阐明 MSWEP 相对于卫星反演与再分析降水产品的优势与不足,为多源降水融合反演算法改进提出建议。

第 4 章考虑有雨无雨辨识的多源降水融合。针对主流融合方法的不足,提出考虑有雨无雨辨识的多源降水融合技术框架,并采用地理时空加权回归模型(GTWR)构建多源降水融合算法,设计融合方法、解释变量不同组合的降水融合试验,对比分析所提方法较传统方法的优势与不足,并在融合增益通用性评估框架下,评估了所提新方法对于提高降水估计分类辨识能力与定量估计精度的效益。

第 5 章兼顾分类与定量误差订正的预报降水统计后处理。以 TIGGE 数据库中 EC-MWF、CMA 及 NCEP 模式控制预报的简单集合平均预报降水为研究对象,解析预报降水的定性和定量精度,结合对主流订正算法性能的认识,通过耦合经验分位数映射与伯努利-元高斯联合分布模型,构建误差订正新方法,通过与单一方法效果比较,阐明所提方法在兼顾定性和定量误差削减方面的效益,并解析误差订正在延长预报降水有效预见期上的增益。

第 6 章基于多源融合降水与订正后预报降水的水文预报应用。构建典型流域分布式日径流预报和集中式场次洪水预报模型,开展基于多源融合降水的日径流预报与基于数值预报降水的洪水滚动预报,以传统基于地面站网落地雨信息的预报结果作为比较基准,评价降水驱动数据精度改善在提高日径流预报精度和延长洪水预报有效预见期方面的增益及其时空特征,并揭示水文预报对降水时空精度增益的响应规律。

第 7 章为结论与展望。该章回顾和总结了本书主要研究工作及所取得的研究结论,并对后续研究进行了展望。

1.5　研究区域与数据

1.5.1　研究区域

淮河流域地处中国东部的南北气候过渡带,介于长江和黄河流域之间,位于 $111°55'\sim121°25'E$、$30°55'\sim36°36'N$,面积约为 27 万 km^2。淮河于桐柏山发源,依次流经河南、湖北、安徽和江苏 4 省。流域西北部分布桐柏山和伏牛山、西南部为大别山、东北部为沂蒙山区,其余为广阔的平原。山丘区面积约占总面积的 1/3,平原面积约占

2/3。淮河流域多年平均降水量约为 920 mm,总体呈现由南向北递减、山区多于平原、沿海大于内陆等特点。降水量的年内分配也极不均匀,汛期(6～9 月)降水量占年降水量的 50%～80%。

蚌埠闸水文站位于淮河右岸的安徽省蚌埠市,是淮河中游主要控制站。本研究的淮河流域范围是蚌埠闸水文站以上集水区域(全书统一用蚌埠流域表示),如图 1.1 所示。该集水区经纬度范围大致为 111.9°～117.5°E、30.9°～34.9°N,面积约为 11.7 万 km²。其中,山丘区面积仅约占流域面积的 15.4%,其余均为平原。

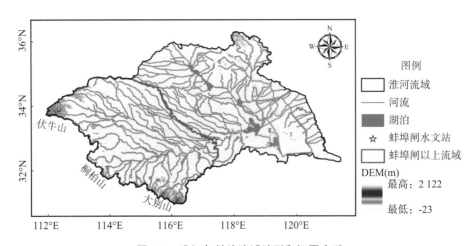

图 1.1　淮河与蚌埠流域地形和河网水系

1.5.2　数据资料

1.5.2.1　地理信息数据

从 https://csidotinfo.wordpress.com/data/srtm-90m-digital-elevation-database-v4-1/上下载了蚌埠流域 90 m×90 m 分辨率的 DEM 数据,对其进行投影(北半球亚洲 Lamber 圆锥投影,中央经线 115°,标准纬线为 25°和 45°)、重采样获得了 1 km×1 km 分辨率的 DEM 数据。收集了蚌埠流域河流水系、水库、湖泊等地理信息图。

1.5.2.2　气象水文数据

(1) 降水数据

地面站点观测降水。从淮河流域水文年鉴中收集了蚌埠流域范围及周边附近的 759 个雨量站 2006—2015 年逐日降水量[站点位置如图 1.2(a)]。雨量站网密度较高,单站控制面积达到了 154 km²。该数据用于地面降水空间插值。从中国气象数据网下载了蚌埠流域范围内 78 个气象站 1979—2016 年(38 年)降水量数据[站点位置如图 1.2(b)]。按照 08～20 时、20～08 时两段降水累加得到与雨量站相同的 08～08 时日降水。该数据用于多源降水信息融合。

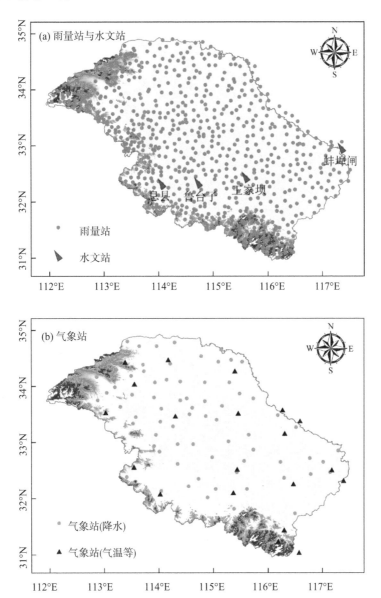

图 1.2 蚌埠流域范围内地面测站空间分布

卫星反演降水与再分析降水数据。下载了代表性卫星降水 TRMM 3B42 V7、CMORPH BLD 数据:2010—2015 年、3 h/0.25°×0.25°;下载了欧洲中期天气预报中心的 ERA5(代表性再分析降水):2010—2015 年、1 h/0.25°×0.25°;下载了美国普林斯顿大学发布的多源加权集合数据 MSWEP(V2.1 和 V2.2):2010—2015 年、3 h/0.1°×0.1°。

（2）气象数据

在中国气象数据共享服务网获取了蚌埠流域 20 个气象站 2006—2015 年逐月、逐日地面气象观测数据（包括气温、风速、相对湿度、日照时数等）。

（3）径流数据

从淮河流域水文年鉴中收集了息县、王家坝、鲁台子、蚌埠闸（吴家渡）水文站 2006—2015 年的逐日径流资料。

第 2 章

基于地理时空加权回归的
降水空间估计

2.1　概述

　　基于地面雨量站观测信息开展降水空间估计,需要借助于空间插值技术。经过计量经济学等学科多年的发展,现已形成了丰富的空间插值技术体系。在降水空间估计方面,可根据插值采用信息的差异将插值方法分为仅依据地面降水信息插值和利用实测降水数据及地理要素(空间位置、高程、坡向等)插值两大类[99]。从信息利用的角度看,站点地理信息的作用可认为是在纯降水数据插值基础上进行局部修正,其估计精度一般优于纯降水插值结果。然而,降水量与站点位置、高程等地理协变量的关系或结构呈现出复杂的时空非平稳性,空间插值方法在描述这种时空非平稳结构方面的性能在一定程度上影响着插值效果。

　　目前,在变量关系的空间非平稳性描述方面,影响力较大的是由 Brunsdon 等[120-121]提出的地理加权回归模型(GWR)。GWR 模型将变量关系的空间变异结构嵌入了线性回归模型中,以局部光滑思想定量描述回归参数随空间位置的变化,可直观清晰地揭示变量关系的空间异质性。然而,对于描述空间变量的时间相关性方面存在欠缺,Huang 等[33]在 GWR 模型中,通过引入时空距离权重,构建了地理时空加权回归模型(GTWR),成功捕捉了住宅价格与解释变量间的时空非平稳性,并且 GTWR 模拟结果显著优于 GWR 模型。GWR 与 GTWR 模型捕捉变量关系时空变异性的突出优势在空间计量经济[122-123]、环境[124]、人口[125]等领域已得到充分体现;但在降水空间估计领域的应用尚处于起步阶段,模型应用效果有待深入探讨。

　　因此,在介绍 GWR 和 GTWR 模型的基本原理及其扩展关系的基础上,构建降水量空间插值模型;对蚌埠流域 2010—2015 年月、日降水开展空间估计试验,分析二者在降水空间估计中的应用效果;并在站网密度变化条件下,分析降水空间估计精度的变化特征,同时探讨利用历史时间维度上的降水信息及在回归变量中引入高程因子对降水空间估计精度的影响。

2.2　地理时空加权回归模型

　　GTWR 模型是在 GWR 模型的基础上将样本空间平面扩展为三维时空得到的。因此,首先对 GWR 模型的基本原理[126]进行简要介绍,在此基础上阐述 GTWR 模型,并分析二者的扩展关系与内在联系。

2.2.1　空间局部回归模型

　　GWR 是用于揭示空间关系异质性的统计方法,它可以描述因变量和一组协变量关系在地理空间中的变化,是对普通线性回归模型(Ordinary linear regression,OLS)的一个重大改进。对于空间变量 y(如住宅价格、人口、降水等),设在研究区域内有 n 个实测点,GWR 方程形式为

$$y_i = \beta_0(u_i, v_i) + \sum_{k=1}^{p} \beta_k(u_i, v_i) x_{ik} + \varepsilon_i \quad i = 1, 2, \cdots, n \qquad (2\text{-}1)$$

式中,(u_i, v_i) 为第 i 个观测点的位置坐标;$\beta_k(u_i, v_i)$ 为隶属于观测点 i 的第 k 个回归参数 $(k = 1, 2, \cdots, p)$,是空间位置的函数;ε_i 为残差,假设 $\varepsilon_i \sim N(0, \sigma^2)$,且 $Cov(\varepsilon_i, \varepsilon_j) = 0 (i \neq j)$;$x_{ik}$ 是 y 在观测点 i 处的第 k 个协变量。

根据地理学第一定律,假设参数为一空间连续光滑表面,相邻位置点的回归参数相近。因此,对于实测点 i,可将邻近平面空间内的样本以一定的权重移植到回归点上,构建该点局部加权回归模型,进而估计实测点处的回归参数。各邻近点观测值对 i 点参数估计的重要性采用随空间距离衰减的权重 w_{ij} 表示,根据加权最小二乘法,推导出参数的估计值为

$$\hat{\boldsymbol{\beta}}_i(u_i, v_i) = (\boldsymbol{X}^{\mathrm{T}} \boldsymbol{W}(u_i, v_i) \boldsymbol{X})^{-1} \boldsymbol{X}^{\mathrm{T}} \boldsymbol{W}(u_i, v_i) \boldsymbol{y} \qquad (2\text{-}2)$$

式中,$\boldsymbol{W}_i = diag(w_{i1}, w_{i2}, \cdots, w_{in})$。

按照式(2-2)逐点计算,即可获得所有实测点上回归参数估计结果 $\boldsymbol{\beta}$。由上述参数的求解过程可知,通过邻近点空间权重和局部回归系数,巧妙地将因变量的局部自相关性结构及因变量与协变量间互相关性纳入 GWR 模型,实现了空间变量自相关与互相关的综合考虑。

GWR 模型参数估计的核心是权重矩阵 $\boldsymbol{W}$,它描述了其他观测点的数据与对中心点 i 数据的相关性,也反映了不同位置邻近点对于 i 点回归参数估计的重要性。一般而言,样本点距离中心点 i 越近,其权重越大;反之,权重随距离扩大而逐渐减小,可见权重是观测点间距离的递减函数,称之为权函数。随着邻近点与中心点的距离增大,二者相关性降低,对回归参数估计的贡献度减小,所以为降低估计误差,需要设定距离阈值,以截掉对参数估计没有影响的数据点,该距离阈值称为带宽。按照带宽在全局范围内变化与否,可将权函数划分为固定带宽权函数和自适应带宽权函数两类。常见的固定带宽权函数如 Gaussian 函数(式 2-3)、bi-square 函数(式 2-4)等。

$$w_{ij} = \phi(d_{ij}^2 / \sigma b_S^2) \qquad (2\text{-}3)$$

$$w_{ij} = [1 - (d_{ij}^2 / b_S)^2]^2 \cdot I_d(d_{ij}) \qquad (2\text{-}4)$$

式中,w_{ij} 为邻近点 j 对于回归中心点 i 的权重;ϕ 为标准正态概率密度函数;d_{ij} 为邻近点 j 与中心点 i 的距离;σ 为中心点 i 周围邻近点距离的标准差;b 为空间带宽;I_d 为指

示函数,当 $d_{ij} \leqslant b$ 时,$I_d = 1$,当 $d_{ij} \leqslant b$ 时,$I_d = 0$。

覃文忠[126]指出,地理加权回归模型对权函数形式并不敏感,而带宽的微小变化却会显著影响模型效果,即带宽过大使参数估计偏差较大,带宽过小又会导致参数估计方差偏大。因此,合理确定权函数带宽至关重要。实际操作中,一般采用交叉验证法,以 CVRSS(cross-validation RSS)最小值对应带宽为最优带宽。此外,也可依据 AIC 准则或 BIC 准则进行优选。

$$CVRSS(b) = \frac{1}{n} \sum_{i=1}^{n} (y_i - \hat{y}_{\neq i}(b_S))^2 \tag{2-5}$$

式中,$\hat{y}_{\neq i}(b)$ 指基于去除 i 点后估计参数,进而推求得到 i 点因变量的估计值。

固定带宽权函数主要适用于研究区内样本点空间分布均匀的情形,但当样本点分布疏密不均时,固定带宽会使点据密集的地方有过多的邻近点参与回归计算,而使点据稀疏区域仅有少数邻近点纳入参数估计中,从而导致参数估计方差增大。因此,应该根据样本点空间分布状况自适应选择带宽,以避免参数回归计算时样本点过多或过少的问题。目前,常用方法有子样规模约束法、排序确权法和权重之和约束法等。主要核心思想是通过确定合适的参与中心点参数估计邻近点数量(子样规模),以实现样本点空间不均时缩放带宽的效果。子样规模的确定同样可以采用 CVRSS 过程线法、AIC 准则和 BIC 准则。

至此,基于权函数和最优带宽,可确定 GWR 模型中邻域内各点的权重,进而通过式(2-2)逐点估计回归参数。根据参数估计结果,推求因变量估计值。

2.2.2 时空局部回归模型

将 GWR 模型的平面空间扩展为三维时空,即在三维时空内寻找对回归中心建模有积极影响的邻近样本点,从而构建 GTWR 模型。GTWR 模型表达式为

$$y_i = \beta_0(u_i, v_i, t_i) + \sum_{k=1}^{p} \beta_k(u_i, v_i, t_i) x_{ik} + \varepsilon_i \quad i = 1, 2, \cdots, n \tag{2-6}$$

式中,$\beta_k(u_i, v_i, t_i)$ 描述了回归参数随空间坐标与时间变化,其余符号意义同 GWR 模型一致。

同 GWR 类似,回归参数的估计值同样由局部加权最小二乘法给出

$$\hat{\boldsymbol{\beta}}_i(u_i, v_i, t_i) = (\boldsymbol{X}^\mathrm{T} \boldsymbol{W}(u_i, v_i, t_i) \boldsymbol{X})^{-1} \boldsymbol{X}^\mathrm{T} \boldsymbol{W}(u_i, v_i, t_i) \mathbf{y} \tag{2-7}$$

式中,$\boldsymbol{W}(u_i, v_i, t_i) = diag(w_{i1}, w_{i2}, \cdots, w_{in})$ 为中心点 (u_i, v_i, t_i) 处的权重矩阵。

对于 GTWR 模型,权重矩阵 $\boldsymbol{W}$ 的计算需要在计算回归中心与邻近样本点的时空距

离的基础上,采用权函数进行计算。考虑到空间、时间距离的单位不同,是 2 种性质空间内的长度度量,时空尺度效应存在一定差异,因此选择椭球体坐标系作为表达时空距离的三维空间(图 2.1)较为合适。图 2.1 中给出了中心点 i 与邻近点 j 在椭球体坐标系下的相对关系。在该坐标系融合空间距离与时间距离构建时空距离就成为权重估计的重要前提。对此,Huang 等[33]给出了距离融合通式

$$d^{ST} = d^S \otimes d^T \tag{2-8}$$

式中,d^{ST} 为时空距离;d^S 为空间距离;d^T 为时间距离;$\otimes$ 为运算符。

当取运算符为"+"时,分别引入为空间、时间距离比例因子 λ、μ,以平衡二者尺度效应差异。时空距离的表达式为

$$d^{ST} = \lambda d^S + \mu d^T \tag{2-9}$$

因此,图 2.1 中点 $i(x_i, y_i, t_i)$ 与点 $j(x_j, y_j, t_j)$ 之间的时空距离可以表达为

$$(d_{ij}^{ST})^2 = \lambda(d_{ij}^S)^2 + \mu(d_{ij}^T)^2 = \lambda\left[(x_i - x_j)^2 + (y_i - y_j)^2\right] + \mu(t_i - t_j)^2 \tag{2-10}$$

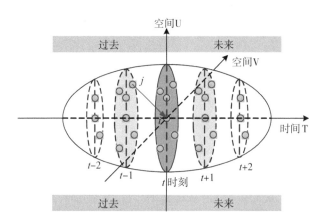

图 2.1　三维时空坐标系和时空距离示意图

在确定时空距离计算方式后,选择合适权函数即可确定邻近点相应权重。这里以常用的 Gaussian 函数为例,据此可推导出权重 w_{ij} 的表达式为

$$w_{ij}^{ST} = \frac{1}{\sqrt{2\pi}} \exp\left(-\frac{(d_{ij}^{ST})^2}{b_{ST}^2}\right)$$

$$= \frac{1}{\sqrt{2\pi}} \exp\left(-\frac{(d_{ij}^S)^2}{b_S^2}\right) \cdot \frac{1}{\sqrt{2\pi}} \exp\left(-\frac{(d_{ij}^T)^2}{b_T^2}\right) = w_{ij}^S \cdot w_{ij}^T \tag{2-11}$$

式中，$b_S = \sqrt{b_{ST}^2/\lambda}$、$b_T = \sqrt{b_{ST}^2/\mu}$ 分别为空间、时间带宽，其中 b_{ST} 为时空带宽。理论上，观测样本中不包含时间变量时，令 $\mu = 0$，则 GTWR 模型退化为 GWR 模型；而当 $\lambda = 0$ 时，GTWR 模型则退化为时间加权回归模型（Temporally weighted regression，TWR）。

对于 GWR 模型，带宽优选为一维最优化问题，通过绘制 CVRSS 随带宽变化的过程线，即可确定最优空间带宽 b_S。对于 GTWR 模型，需要求解 b_S 与 b_T，才可确定权函数，本质上寻求二维最优解的问题[127]。同样可以通过交叉验证法优化确定。实际操作上，可在定义域内等间距剖分网格，分别计算各格点 CVRSS 值，取 CVRSS 最小值对应的带宽 b_S、b_T 为最优带宽组合。然而选取合适的带宽定义域具有一定的难度，同时网格分辨率直接影响带宽估计结果的准确性。而当选择 Gaussian 函数和指数函数为权函数时，将时空权函数分解为时间权函数与空间权函数的乘积，可分别估计 b_S 和 b_T，将二维最优解问题转化为两个一维最优解问题，有利于降低计算难度并缩短计算时间。计算空间带宽 b_S 时，采用 GWR 模型的优选方法予以确定；对于时间带宽 b_T，则基于 TWR 模型的方式进行优选。考虑到过去时刻观测值影响当前和未来时刻的观测值，所以在进行时间带宽优化时，采用当前时刻和过去侧的实测点作为待选邻近点（图 2.1 中左半个椭球体）；同时受到研究变量时间自相关性的限制，并非过去所有时刻均对当前时刻观测值产生有效影响，因此需在研究时间自相关性时滞的基础上，计算最优时间带宽（例如，最优时滞为 2 时，表明 $t-2$ 时刻平面、$t-1$ 时刻平面的样本点观测值对 t 时刻平面观测值有影响，如图 2.1 所示）。

至此，基于权函数和最优时空带宽，可确定 GTWR 模型中邻域时空内各点的权重，进而通过式(2-4)逐点估计回归参数。根据参数估计结果，推求因变量估计值。关于 GTWR 的模型空间非平稳性检验和参数空间非平稳性检验，一般通过构建统计量，采用三阶矩 χ^2 逼近或 F 分布逼近法求解统计量的概率近似值，以判断是否接受模型和参数空间非平稳的假设，具体细节可参考相关文献[128]，本书对此不再赘述。

从上述介绍可以看出，GTWR 模型的基本原理与 GWR 模型大致相同，可以总结为利用回归中心周围邻域范围内的样本点进行参数估计，以揭示局部区域空间变量与解释变量的非平稳关系，并实现回归中心的插值计算。从建模的具体过程来看，二者最主要的差异在于 GWR 模型权重是基于二维空间坐标系(x, y)下的距离确定的，而 GTWR 模型则是依据三维时空坐标系(x, y, t)下的时空距离给出的。而这一权重差异在回归点参数估计中表现为 GWR 是利用当前时刻平面空间内的邻近点，将其以一定的权重移植到插值点上进行参数估计，估计过程中权重反映了因变量的空间自相关性，回归系数则表达了因变量与解释变量之间的空间互相关性；而对于 GTWR 模型，则是利用过去若干相邻时刻（由时滞确定）和当前时刻平面空间内的邻近点进行参数估计，估计过程中除了利用因变量的空间自相关性及其与解释变量之间的空间互相关性外，过去若干相邻时刻的样本信息的引入,则进一步将空间变量的时间自相关性纳入模型的考虑范畴。因此,GT-WR 可看作是在 GWR 基础上引入相依时刻降水信息的扩展模型。显然,当时滞为 0 时,GTWR 模型的时间维度消失,模型退化为 GWR。因此,GWR 为 GTWR 的一个特例,通过时滞可将 GWR 和 GTWR 统一起来。

虽然 GTWR 模型利用了变量间的时空自相关性,但在样本参数估计过程中增加了邻近点数目,也带来增大参数估计的不确定性和插值误差的风险,其模拟效果可能劣于 GWR 模型。因此,对于 GWR 和 GTWR 模型,需要针对具体的研究变量和不同分析时段,视插值精度进行优选。

2.3 降水空间插值试验

2.3.1 降水空间插值试验方案

采用 GWR 和 GTWR 模型对蚌埠流域的 2010—2015 年月、日降水开展空间插值试验研究。重点分析 GWR 与 GTWR 模型的插值效果,探讨回归变量与站网密度变化对降水估计精度的影响。

为对空间插值精度进行交叉检验,拟采用 K 均值聚类方式从 759 个雨量站随机抽取空间分布均匀的 159 个作为交叉检验站点。但考虑到山丘区与平原区降水特征的差异,本书以 200 m 高程为界,将流域划分为山丘区与平原区。不同分区的雨量站分布情况见表 2.1 与图 2.2(a)。可以看到,山丘区站网密度明显高于平原区,因此有必要对山丘区与平原区分别抽取交叉检验站点,以保证检验站点空间分布的均匀性与代表性。具体的检验点抽取方式如下:(1)在山丘区,以空间位置和高程为站点属性,采用 K 均值聚类方式按照山丘区雨量站数量占全部雨量站的比例($r_{山丘区}=0.22$)随机抽取 35 个检验站点;(2)在平原区,按照平原区雨量站比例($r_{平原区}=0.78$)随机抽取 124 个检验站点;(3)将山丘区与平原区检验站点组合,形成蚌埠流域交叉检验站点,其余 600 个站点作为建模站点,如图 2.2(b)。为表述方便,记该抽样方法为分区随机抽样法。

表 2.1　不同分区雨量站分布情况

分区	高程	面积(km²)	雨量站数量(个)	单站控制面积(km²)
山丘区	H≥200 m	1.8×10^4	168	107
平原区	H<200 m	9.9×10^4	591	167

记图 2.2(b)中的 600 个建模站为全部建模雨量站网,从建模站点中抽取不同数量的

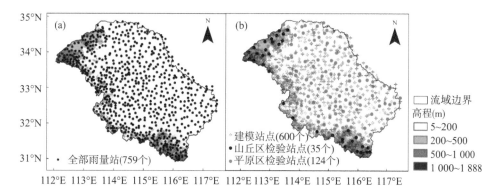

图 2.2　蚌埠流域降水空间插值的建模站点与检验站点分布图

雨量站构建试验雨量站网,本书根据站网密度的不同设计了两套试验。

试验一:采用全部建模雨量站($n_{建模}=600$)的降水空间估计。以雨量站的空间位置为回归变量,分别采用 GWR 和 GTWR 模型开展月、日降水量空间插值,分析二者在降水空间估计中的应用效果。

试验二:雨量站网密度变化($n_{建模}<600$)条件下的降水空间插值试验。站网密度采用试验雨量站数 k 与真实雨量站数($n_{建模}=600$)的比值 r 表示,设置了 12 种试验雨量站网密度,r 取值介于 0.86~0.02 之间,试验雨量站数介于 12~514 之间,单站控制面积最小为 227 km^2,最大为 9 750 km^2,站网密度的具体设置情况如图 2.3 所示。对于每一种试验雨量站网密度,根据雨量站经纬度坐标及其高程信息,采用分区随机抽样法,抽取该密度条件下的 1 个试验雨量站网。然后对该试验雨量站网采用 GWR 和 GTWR,分别以"空间位置坐标""空间位置坐标+高程"为回归变量[记为 GWR(XY)、GWR(XYH)、GTWR(XY)、GTWR(XYH)],开展降水空间估计试验。由于试验雨量站网的随机性会对降水估计结果产生影响,本书对每种密度随机抽取 20 次试验雨量站网,以多次试验的平均精度作为相应站网密度的插值精度,进而分析站网密度对降水空间插值的影响。

关于降水空间插值精度,本书从交叉检验点处插值降水量的定量误差及其与实测降水量的空间一致性两个角度进行评估。精度评估的统计指标众多,多数指标仅能体现误差的某一方面,常需要结合多项指标综合分析。定量误差方面,常用的指标有 ME(Mean Error)、MAE(Mean Absolute Error)、RMSE(Root-mean-square Error)等。ME 描述了插值结果的偏差方向,MAE 和 $RMSE$ 则能提供绝对偏差程度,然而,这些指标将样本的离群值纳入计算范围,较大的误差离群值使计算结果对于平均精度的反映有失偏颇,可结合误差中位数(如绝对偏差中位数 Median Absolute Error,MdAE)等进行综合评判。另外,$RMSE$ 反映的误差常与观测值密切相关,采用去除观测值影响的 SRMSE(Stand-

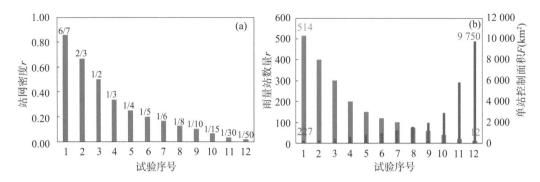

图 2.3　雨量站网密度设计方案

ardized Root-mean-square Error)更为客观有效。因此,本书选择 ME、MAE、$MdAE$ 和 $SRMSE$ 作为定量误差度量指标。空间一致性主要从插值结果与观测值空间分布模式的角度评判插值方法的优劣,采用相关系数(Correlation Coefficient,CC)表征。各指标的计算公式如下:

$$ME = \frac{1}{n} \sum_{i=1}^{n} (P_{io} - P_{is}) \qquad (2\text{-}12)$$

$$MAE = \frac{1}{n} \sum_{i=1}^{n} |P_{io} - P_{is}| \qquad (2\text{-}13)$$

$$MdAE = \mathrm{median}(|P_{io} - P_{is}|) \qquad (2\text{-}14)$$

$$SRMSE = \left(\sqrt{\frac{1}{n} \sum_{i=1}^{n} (P_{io} - P_{is})^2} \right) / \overline{P}_o \qquad (2\text{-}15)$$

$$CC = \sum_{i=1}^{n} (P_{io} - \overline{P}_o)(P_{is} - \overline{P}_s) / \sqrt{\sum_{i=1}^{n} (P_{io} - \overline{P}_o)^2 (P_{is} - \overline{P}_s)^2} \qquad (2\text{-}16)$$

式中,n 为样本点数目;P_{io} 为回归中心 i 实测降水量;P_{is} 为回归中心 i 的插值降水量;$\overline{P}_o$ 为该时刻所有雨量站实测降水量平均值;$\overline{P}_s$ 为模拟降水量平均值。

　　在试验站网密度条件下,任意一种站网密度的插值精度为 20 次抽样试验全部时段插值精度的平均值。以 CC 为例,具体计算方法如下:

$$CC_r = \left(\sum_{e=1}^{E} \sum_{t=1}^{T} CC_t^e \right) / (E \times T) \qquad (2\text{-}17)$$

式中,E 为某一试验密度下随机抽取雨量站的次数;T 为降水插值试验时段数,本书月降水量 $T=72$,日降水量 $T=2\,191$;CC_t^e 为第 e 次试验第 t 时段的相关系数。

2.3.2　降水空间分布估计结果

2.3.2.1　降水量与地理信息的互相关性及其时间自相关性分析

降水量与地理信息(空间位置、高程等)的相关性是采用地理信息作为协变量开展降水空间估计的重要理论支撑。而降水量与地理信息的时空异质性导致二者的相关关系具有复杂的时空非平稳特征,已有研究多从全局角度探索了二者相关性,这在一定程度上掩盖了局部细节信息,阻碍了地理信息在空间上的差异化利用。为此,首先对降水量与经度、纬度和高程的全局、局部空间相关性进行分析。

图 2.4 给出了蚌埠流域月降水量与地理信息的全局相关系数。由图可知,月降水量与地理信息的全局相关性随时间波动变化。除个别月份外,降水量与经度的相关关系总体表现为正相关,相关系数介于 $-0.64 \sim 0.69$;而与纬度的关系则主要呈现负相关,相关系数绝对值最大为 0.79。月降水量与站点高程的相关系数变化范围仅为 $-0.13 \sim 0.21$,与经纬度相比明显缩窄,甚至在若干月份降低到 0 附近。因此,从全局相关性的角度看,月降水量与纬度的相关性最高,而受流域平原区覆盖面积大、地形起伏较小的影响,降水量与高程的相关性最低。

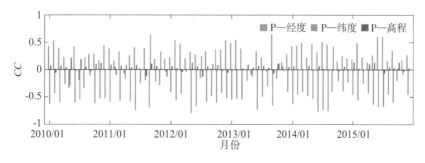

图 2.4　月降水量与站点地理信息的全局相关系数时程变化

降水量与站点地理信息的全局相关性呈现时间非平稳性,同时局部相关性存在着明显的时空非平稳特征。以 2014 年 6、7 月为例,根据雨量站邻近 30 个站点的数据计算相关系数,并采用 IDW 插值得到了降水量与站点地理信息的局部相关系数空间分布,如图 2.5 所示。由图 2.5(a)~(c)可知,2014 年 6 月降水量与站点经纬度坐标的相关性总体最高,而与高程的相关系数的变化范围相对变窄,对比图 2.5(c),发现虽然降水量与高程的全局相关系数接近于 0,但在局部位置仍具有较强的相关性。从空间分布来看,6 月降水量与站点经度的相关系数呈现经向带状分布,与纬度坐标则呈现纬向带状分布,但对于站点高程而言,在西北部和西南部山区为高正相关,而在平原区正相关与负相关的分布相对杂乱。2014 年 7 月的带状分布规律与 6 月大体一致,但降水量与地理信息的相关关系在局部发生了较大变化,如流域中南部降水与纬度的正相关关系几乎全部转为负相关。

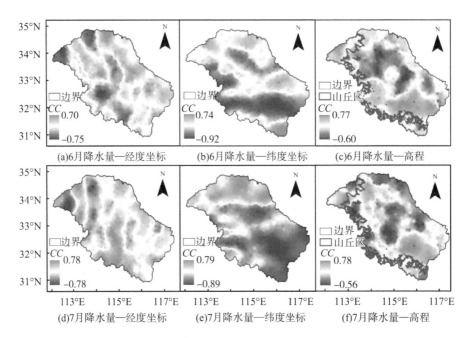

图 2.5 2014 年 6、7 月降水量与站点地理信息的局部相关系数空间分布

由上述分析可知,蚌埠流域月降水量与站点地理信息的全局和局部相关性具有复杂时空非平稳特征。对于日降水量也有类似结论,但日降水的强随机性导致变量间关系的时程波动和空间变异性更为剧烈,在此不再详细阐述。

除了降水量与地理信息的时空相关性外,降水量也具有一定的时间自相关性。本书对收集到的降水量数据,计算了各雨量站不同时滞自相关系数,然后取各时滞全部雨量站自相关系数的均值作为流域降水量自相关系数,绘制自相关系数如图 2.6 所示。由图可知,当月降水量与前一个月和前两个月降水量呈现正相关性,但相关系数最大仅为0.35,大于 95% 置信区间的临界值为 0.24;对于日降水量而言,当日降水与前一日降水的相关性强于其他时刻,但最大相关系数比月降水量更低。尽管降水量的时间自相关性较低,但在降水空间插值的应用价值仍值得探索。根据图 2.6 中所示自相关系数随时滞变化过程,确定月降水量的全局自相关时滞为 1 月,日降水量时滞为 1 日。

综上所述,蚌埠流域月、日降水量与地理信息的空间相关关系存在明显的时变性和局域性特征,另外降水量自身具有一定的时间自相关性。因此,在基于站点降水量开展空间插值时,可综合利用雨量站地理信息及前期相关降水量,以合理估计降水空间分布。而 GWR 和 GTWR 模型通过空间局域或时空局域加权回归建模的方式将降水量与回归

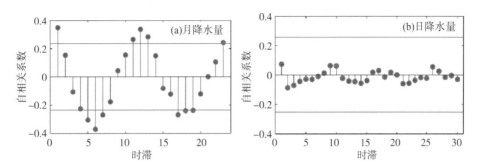

注:图中两条蓝色线之间的范围是自相关系数的 95% 置信区间。

图 2.6　蚌埠闸以上流域 2010—2015 年月、日降水量时间自相关系数

变量的空间相关性和降水量自相关性充分利用,为降水空间分布估计提供了一种新途径。

2.3.2.2　基于空间位置信息的降水空间估计

按照试验一方案,首先基于蚌埠闸以上流域全部建模站点($n_{建模}=600$)的实测月、日降水量,以雨量站空间位置为回归变量,建立基于 GWR 与 GTWR 的月、日降水量空间插值模型。由于研究区雨量站空间分布相对均匀,同时考虑在 GTWR 模型中时空权函数分离的便捷性,GWR 和 GTWR 模型的权函数采用 Gaussian 权函数(式 2-11)。GTWR 模型以日为基本时间单位。

为表述方便,本书将以空间位置为回归变量降水空间插值模型,记为 GWR(XY)和GTWR(XY),表达式如下:

$$\text{GWR(XY)}:P_{is}=\beta_{i0}+\beta_{ix}(x_i,y_i)x_i+\beta_{iy}(x_i,y_i)y_i \tag{2-18}$$

$$\text{GTWR(XY)}:P_{(i,t)s}=\beta_{(i,t)0}+\beta_{(i,t)x}(x_i,y_i,t_i)x_i+\beta_{(i,t)y}(x_i,y_i,t_i)y_i \tag{2-19}$$

式中,P_{is} 为第 i 个雨量站的降水量观测值;β_{i0} 为第 i 个雨量站 GWR 模型的常数项;(x_i,y_i) 为第 i 个雨量站的经纬度投影坐标;$\beta_{ix}(x_i,y_i)$、$\beta_{iy}(x_i,y_i)$ 为 GWR 模型的经纬度投影坐标回归系数。GTWR 模型回归系数均为空间位置和时间的函数。

(1)月降水量空间插值试验结果

表 2.2 给出了蚌埠流域 2010—2015 年月降水量平均空间插值精度指标。当采用GWR 模型进行空间插值时,平均最优空间带宽为 0.51,插值结果总体略微高估了站点降水观测值,MAE 均值为 15.4 mm,但 MdAE 比 MAE 有所降低,SRMSE 的均值为0.51;CC 的平均值达到了 0.76。因此,GWR 模型在月降水插值中的定量误差尚可,模拟值与观测值的空间一致性相对较高。采用 GTWR 的插值精度与 GWR 模型相近,CC值基本相当,其余 4 项定量误差指标略有增大,反映出基于高密度站网($n_{建模}=600$,单站

控制面积为 195 km² ）建模时，空间样本充足，增加相依时刻的降水信息，并未有效提升总体插值精度。

表 2.2　蚌埠流域 2010—2015 年月降水量 GWR 与 GTWR 的平均插值精度

模型	最优空间带宽	最优时间带宽	ME（mm）	MAE（mm）	$MdAE$（mm）	$SRMSE$	CC
GWR(XY)	0.51	—	0.7	15.4	11.5	0.51	0.76
GTWR(XY)	0.51	0.83	1.3	15.8	11.9	0.52	0.75

图 2.7 给出了 GWR 与 GTWR 空间插值精度指标的时程变化图。从图中可以看出，GWR 与 GTWR 模型插值精度的同步性较高；$SRMSE$ 和 CC 值呈现出周期性波动变化，$SRMSE$ 在丰水期（5—9 月）相对稳定且高于枯水期，CC 值也类似，在汛期甚至能够维持 0.9 以上。总体上，丰水期的插值效果优于枯水期。

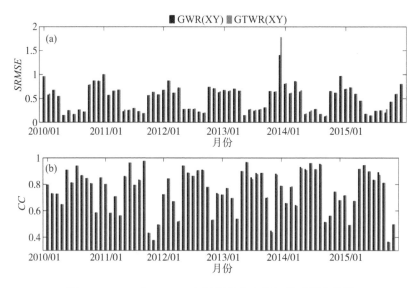

图 2.7　GWR 与 GTWR 空间插值精度指标的时程变化图

虽然 GTWR 与 GWR 模型的平均插值精度相近，但从图 2.7 中可以发现，对于具体的某个月份，GWR 模型也会劣于 GTWR 模型。本书以全部精度指标得到改善这一严格的准则优选各月的最优插值模型。在 2010—2015 年中，仅有 3 个月的最优插值模型为 GTWR，其余月份均为 GWR。在这 3 个月中，MAE、$MdAE$、$SRMSE$ 和 CC 值的改善最大幅度为 1.0%、2.2%、0.4%、0.1%，可见，GTWR 模型在月降水量空间估计中的优势相对偏弱。记部分时段采用 GWR、部分时段采用 GTWR 的插值模型为混合模型。图 2.8 给出了 GWR、GTWR 与混合模型空间插值精度的对比图。由于混合模型中最优为 GTWR 的时段仅有 3 个月，且相对 GWR 的改善甚微，所以混合模型的精度基本与 GWR 相同。

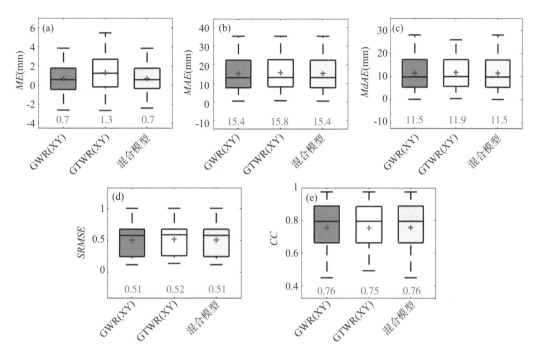

注：图中红色十字表示均值位置，红色数字表示均值大小，箱内黑色横线表示中位数，箱形上下边界为 75% 和 25% 分位数，胡须线上下端表示最大值和最小值。

图 2.8　GWR、GTWR 与混合模型空间插值精度的对比

　　基于 GWR 和 GTWR 模型的降水空间估计不仅可以给出实测点降水量插值结果，还可以根据最佳模型及相应时滞、最优带宽估计 1 km×1 km 网格上的回归参数，从而获得连续的降水空间分布。图 2.9 展示了 2014 年 6 月降水量及回归参数的空间分布。回归参数的空间分布直观细致地刻画了雨量站坐标对降水量影响的空间格局，这是 GWR 和 GTWR 模型相比于其他降水插值技术的突出优势。此外，从图中还可以看到 GWR 与 GTWR 估计的回归参数与降水量空间分布基本一致，仅在数值范围上存在一定差异，反映出 2 种模型对于降水空间分布的捕捉能力相当，差异主要体现在定量误差方面。

　　（2）日降水量空间插值试验结果

　　对于日降水量而言，除常规地理因子影响外，降水云团的时空演变对于流域降水干湿场分布及雨区降水量会产生更为复杂的影响，导致流域日降水量空间连续性较差、甚至出现局部间断现象。日降水量空间分布的复杂性，增大了降水空间估计的难度。考虑到流域大部分站点处于无雨状态时，使得插值精度指标易受微小误差的严重干扰甚至出现无穷大，为此本书选择了有雨（降水量≥0.1 mm）站点数比例不小于 5% 的 1 137 天进行统计，结果见表 2.3 与图 2.10。可以看到，GTWR 模型在日降水插值

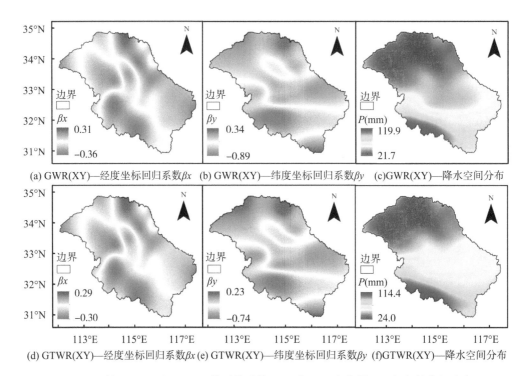

(a) GWR(XY)—经度坐标回归系数βx (b) GWR(XY)—纬度坐标回归系数βy (c)GWR(XY)—降水空间分布

(d) GTWR(XY)—经度坐标回归系数βx (e) GTWR(XY)—纬度坐标回归系数βy (f)GTWR(XY)—降水空间分布

图 2.9 基于 GWR 和 GTWR 模型估计的 2014 年 6 月降水量及回归参数空间分布

中同样取得了相对较好的效果,其中 ME、MAE、$MdAE$ 的均值接近于 0;受日降水量相对较小的影响,$SRMSE$ 较大;CC 值达到了 0.71。对比 GWR 与 GTWR 模型的插值效果,可以看到与月降水量类似,GTWR 与 GWR 模型的精度基本相当,在定量误差方面略有增大。

类似的,GWR 与 GTWR 模型的优劣性随时间发生变化。同样以精度指标全部得到改善为准则,优选了逐日的最佳插值模型。在 2010—2015 年中,共有 93 天的最优插值模型为 GTWR,所占比例仅为 4.2%。统计了采用 GTWR 模型对 MAE、$MdAE$、$SRMSE$ 和 CC 值的改善最大幅度分别为 44.3%、100%、40.36%、34.8%。可见,GTWR 模型对于部分时段日降水空间估计精度有显著提升。但由于最优模型为 GTWR 的时段数所占研究时段总长的比例不足 5%,导致混合模型的总体插值精度也与纯 GWR 模型持平(如图 2.10)。

表 2.3 蚌埠流域 2010—2015 年日降水量 GWR 与 GTWR 的平均插值精度

模型	最优空间带宽	最优时间带宽	ME(mm/d)	MAE(mm/d)	$MdAE$(mm/d)	$SRMSE$	CC
GWR(XY)	0.48	0	0.1	1.7	0.7	1.96	0.72
GTWR(XY)	0.48	0.84	0.1	1.8	0.8	2.01	0.71

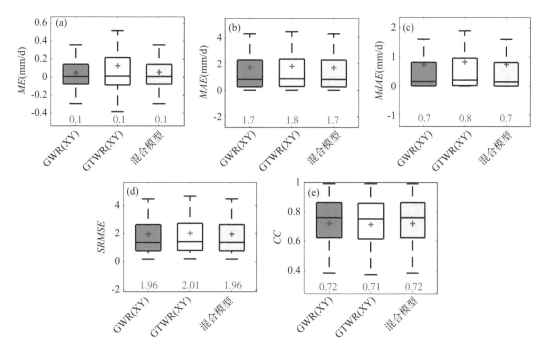

图 2.10　蚌埠流域 2010—2015 年日降水量 GWR 与 GTWR 空间插值精度指标箱线图

基于上述分析得出的月、日降水混合模型,本书采用 759 个雨量站的降水观测信息,计算输出了 2010—2015 年 1 km×1 km 分辨率的月、日网格降水数据,为后续章节的研究提供基准数据。

2.3.3　站网密度变化条件下的降水估计精度

蚌埠流域属于高密度雨量站网流域,在全部雨量站网条件下,考虑了降水自相关性的 GTWR 模型的平均插值精度与 GWR 基本相近。当上述分析应用于其他雨量站密度较小的流域时,基于 GWR(XY)模型的降水空间估计精度受限于空间上降水观测信息的减少,此时补充相依时段观测信息的 GTWR 模型,能否改善降水估计效果值得探讨。另外,高程对降水空间插值的影响一直备受争议,在不同流域的分析结果差异较大,在蚌埠流域又将如何表现需要深入分析。为此,本节按照试验二中设计的 12 种试验站网密度,在采用 GWR(XY)、GTWR(XY)模型分析降水空间估计精度随站网密度变化特征及考虑相依时段样本信息有效性的基础上,进一步引入高程信息,研究高程对于降水空间插值精度的影响。

2.3.3.1　降水空间估计精度随站网密度变化的阶段特征

图 2.11 给出了基于 GWR 与 GTWR 模型的蚌埠流域在 2010—2015 年月降水空间

估计精度随试验站网密度变化图。总体上,月、日降水估计精度随站网密度升高经历了
"迅速升高—缓慢增加—趋于稳定"的 3 个阶段。从 GWR(XY) 模型的插值效果来看,当
站网密度大约介于 $0<r\leqslant1/6$($r=1/6$ 对应于流域内布设了 100 个雨量站,单站控制面
积约 1 170 km²)时,增加雨量站点使 SRMSE 迅速降低、CC 快速提高;当 $1/6<r\leqslant2/3$
($r=2/3$ 对应于流域内布设了 400 个雨量站,单站控制面积约 292 km²)时,随站网密度
升高,降水估计精度进入缓慢增加阶段;当 $2/3<r\leqslant1$ 时,降水估计精度逐步趋于稳定,
即继续加密雨量站对于改善插值效果的作用逐渐消失。对于 GTWR 模型,也有相同的
结论。上述降水空间估计精度的阶段变化特征在其他类似研究中也得到了证实[14,19,40],
胡庆芳将这种降水估计精度"迅速升高"和"趋于稳定"变化特征概括为"突变"和"渐近"
效应。

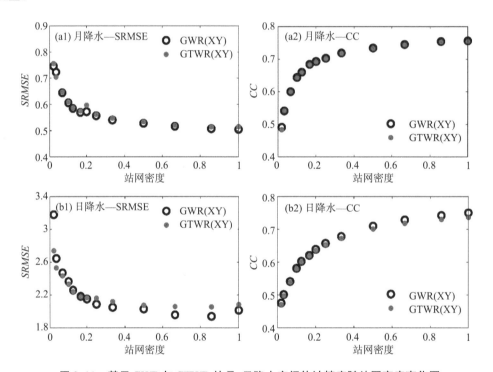

图 2.11　基于 GWR 与 GTWR 的月、日降水空间估计精度随站网密度变化图

2.3.3.2　历史相依时段观测信息对于降水空间估计的改善效益

　　比较 GTWR(XY) 与 GWR(XY) 模型在相同站网密度下的插值精度,分析考虑过去
相依时段观测信息对于降水空间估计的改善效益。图 2.12 给出了各站网密度下 GTWR
(XY) 相对于 GWR(XY) 在定量误差(SRMSE)和空间一致性(CC)方面的增益。

$$\Delta SRMSE = -(SRMSE_{GTWR} - SRMSE_{GWR})/SRMSE_{GWR} \tag{2-20}$$

$$\Delta CC = (CC_{GTWR} - CC_{GWR})/CC_{GWR} \tag{2-21}$$

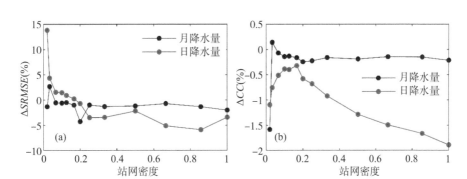

图 2.12　GTWR 相对于 GWR 模型对降水空间估计精度的改善效益

对于月降水量而言,当站网密度较高时,$SRMSE$ 和 CC 的增益全部小于 0,随站网密度的降低,$\Delta SRMSE$ 的变化相对较小,而 ΔCC 则呈现缓慢升高的趋势。在站网密度 r 降至 1/30 时,GTWR(XY)的 $SRMSE$ 与 CC 优于 GWR(XY),但总体改善效益不高;对于 $r=1/50$ 的情形,受站网抽样强随机性的干扰,CC 的增益出现了大幅下跌。对于日降水量,在定量误差方面,当 $r>1/6$ 时,$SRMSE$ 的增益为负,且随站网密度降低而逐渐趋近于 0;当 r 继续降低,过去相依时段观测信息的效益逐渐凸显;在 $r=1/20$ 的条件下,$SRMSE$ 的降幅达到了 14%。在空间一致性方面,CC 在所有站网密度下的增益全部小于 0,在站网密度降低至 1/6 的过程中,时间信息的负面影响逐渐减小,而站网继续变稀疏时,对于 CC 的不利影响又继续强化。

基于上述分析可以得到如下认识:在雨量站网密度较高的条件下,考虑历史相依时段观测信息、将样本邻域空间由平面扩展为三维时空,未能提高降水空间估计精度;而当站网密度降低、降水估计的空间信息缩减时,时间维度上观测信息的不利影响逐步减小,积极改善作用逐步显现,对于月降水定量误差具有一定的压缩效益。

2.3.3.3　引入高程信息对降水空间估计的影响

山丘区与平原区地势起伏及降水空间分布的差异影响着降水量与地面高程的相关关系。图 2.13 为蚌埠流域山丘区与平原区月降水量与高程的全局相关系数时变图。据图可知,平原区的相关系数在多数据时段不足 0.1,山丘区的相关系数总体上高于平原区。为此,本书仅在山丘区引入高程信息进行降水空间估计,关于高程信息对降水空间估计的影响也仅在山丘区进行分析。

以 GTWR 模型为例,图 2.14 给出了不同站网密度条件下,在山丘区引入高程信息前后的月降水空间估计精度。由图可以看到,各密度下 GTWR(XYH)模型的降水空间估计精度均不及 GTWR(XY),表明从山丘区全局、全时段平均意义上看,引入高程信息

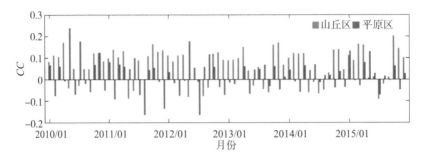

图 2.13　2010—2015 年山丘区与平原区月降水量与高程的全局相关系数

对于原有的降水空间分布形成了一定的干扰。这与山丘区月降水量与高程的全局相关系数偏低有关(图 2.13 中 CC 值最高仅为 0.20 左右)。

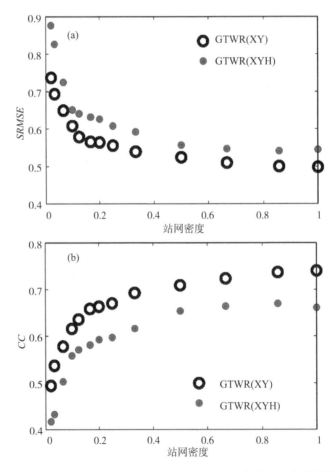

图 2.14　不同站网密度条件下基于 GTWR 模型估计月降水量的精度

　　然而考虑到月降水量与高程的相关关系具有复杂的时空非平稳特征,有必要深入分析不同时段、不同区域二者的相关关系,从而实现高程信息在空间上的差异化利用,提升局部区域的降水空间估计精度。

　　在站网密度 $r=1$(600 个建模与雨量站)条件下,以空间坐标和高程为回归变量的降水插值计算中,以山丘区逐个雨量站(共 133 个山丘区建模站点)的最优邻域空间内样本计算了降水量与高程的相关系数,以此作为各点的局部相关系数,绘制了 2010—2015 年山丘区逐月降水量与高程的局部相关系数直方图(图 2.15)。由图可以看到,各月的局部相关系数均主要集中在[$-0.2,0.2$]区间,经统计超过 0.6 的站点比例仅为 9%,并且主要出现在汛期。进一步对年内各月(每个月有 6 年的统计样本)超过 0.6 的站点比例进行统计[图 2.16(a)],发现 5 月和 8 月大约有 20% 的站点呈现出强相关性。

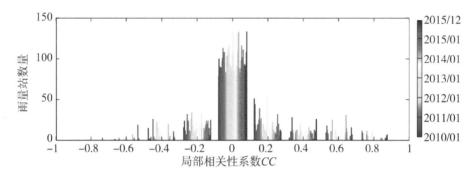

图 2.15　2010—2015 年山丘区与平原区月降水量与高程的局部相关系数直方图

　　由上述分析可知,在部分时段,山丘区的局部区域上存在着降水量与高程的强相关性。以 5 月为例,挑选出至少 3 年出现相关系数大于 0.6 的 14 个站点,如图 2.16 (b)所示,强相关系数的雨量站主要分布在伏牛山、桐柏山和大别山的山前地带。本书针对 2010—2015 年 5 月的月降水空间估计引入高程信息,分析高程信息对强相关性区域提高降水估计精度的有效性,如图 2.17 所示。由图可知,当 $r \geqslant 1/2$ 时,GTWR (XYH)估计结果的 CC 值高于 GTWR(XY),同时 $SRMSE$ 也有一定幅度降低,CC 和 $SRMSE$ 的最大增益分别为 3.3%、8.6%;站网密度降低时,高程信息的改善效益逐步减弱。当 $r<1/2$ 后,高程信息则引起了估计精度下降,并且随雨量站数量减少、站点间平均距离增大,降水量高程的相关系数逐渐减小,增加高程作为回归变量的负面作用趋于增大。

　　对其他月份采用上述强相关性区域的分析方法,发现在其他时空范围内,考虑高程后插值精度有所下降。对于日降水量,也有类似结论,此处不再重复。

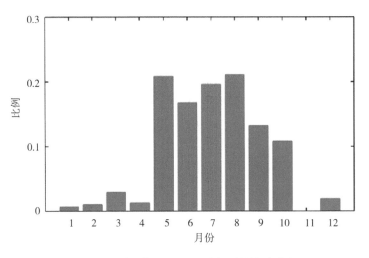

(a) 局部相关系数超过 0.6 的站点比例的年内分布

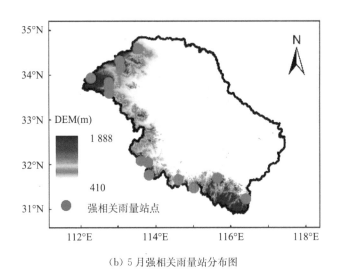

(b) 5 月强相关雨量站分布图

图 2.16　局部相关系数超过 0.6 的雨量站点比例的年内分布及 5 月强相关雨量站位置

因此,高程信息对于蚌埠流域降水空间估计精度的有利影响主要发生在 5 月山前地带、高密度站网条件下的降水估计中;在其他时空范围,高程作为一种干扰信息,引起了降水空间估计精度的降低。

2.4　小结

将 GWR 和 GTWR 模型引入基于地面雨量站网观测信息的降水空间插值中,并基于此开展了蚌埠流域 2010—2015 年月、日降水量空间估计试验,重点讨论了降水空间估

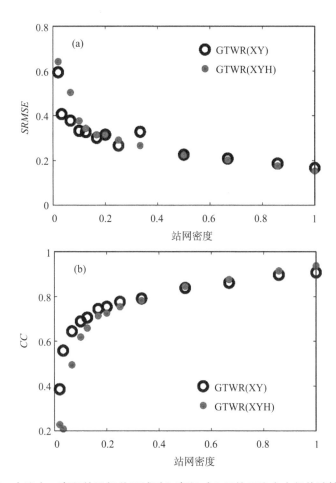

图 2.17 在降水—高程的强相关区域引入高程对 5 月的月降水空间估计精度的影响

计精度随站网密度变化的阶段特征、过去相依时段观测信息对于降水空间估计的改善效益以及引入高程信息对降水空间估计的影响。主要结论如下：

(1) 简要介绍了 GWR 和 GTWR 模型的基本原理和建模过程，从自相关时滞的角度深化了 GTWR 与 GWR 的本质扩展关系与内在联系。GTWR 可认为是在 GWR 的基础上引入历时相依时刻降水信息的扩展模型。

(2) 采用全部建模站点($n_{建模}=600$)，以 GWR 和 GTWR 模型开展了基于空间位置坐标的降水空间估计研究。从全部时段平均意义上看，二者对月、日降水具有较强的估计性能，且估计精度基本相当（月、日降水量的 $MdAE$ 和 CC 分别为 0.51、0.75 和 1.96、0.72）；但在不同时段优劣性存在差异，3 个月和 93 天的 GTWR 表现全面优于 GWR。基于 GWR 与 GTWR 的混合模型，输出了蚌埠流域 2010—2015 年 1 km×1 km 分辨率的月、日网格降水数据集。

（3）降水估计精度随站网密度变化呈现出"迅速升高—缓慢增加—趋于稳定"的阶段特征：当站网密度小于 1/6（100 个雨量站，单站控制面积约 1 170 km^2）时，估计精度随站网变密而迅速升高；而超过 2/3（400 个雨量站，单站控制面积约 292 km^2）后，增加雨量站的改善效益逐步消失，降水空间估计精度趋于稳定。

（4）在雨量站网密度较高时，引入历史相依时段（前一个月和前一天）的观测信息，未能提高降水空间估计精度，但时间维度上观测信息的不利影响随站网密度降低逐步减小；而当站网密度降低至 0.6 以下，历史信息的正向改善作用逐步显现，对于 SRMSE 的改善幅度最大可达到 14%，而 CC 的增益相对较小。

（5）不论何种站网密度条件，在山丘区引入高程信息均引起了全时段平均插值精度的下降；而对于 2010—2015 年 5 月的月、日降水，在山前地带、高密度站网（$r \geqslant 1/2$）条件下，考虑高程信息能够提升降水空间估计精度，而其他局部时空范围无明显改善作用。

第 3 章

典型全球降水数据集的
可利用性评估

3.1　概述

在过去的几十年中,随着空-天-地观测设备升级与多源联合反演算法的不断改进,一系列全球格点降水估计(Gridded Precipitation Estimates,GPEs)数据集被研制出来,代表性产品包括 IMERG、TRMM、CMORPH、GSMaP、MSWEP 等,它们已在不同尺度的气象水文应用中展现了一定的潜力。其中,MSWEP 无疑是这一领域最引人关注的全球降水产品。通过对雨量计观测、卫星反演和再分析降水的加权集合操作,使它具有了覆盖全球、高时空分辨率(0.1°×0.1°/3 h)及横跨 1979—2022 年等优秀特征。目前,关于 MSWEP 的认识不够全面,多数是以雨量计或栅格位置处时间序列为研究对象,评述了平均时序精度及相关指标的空间分布。而对降水空间分布的分类辨识、空间结构刻画及定量估计效果等空间精度的研究还相对较少。

为深化认识 MSWEP 的可利用性,在更多区域开展全面评估,并且与代表性卫星反演及再分析降水产品综合比较,阐明 MSWEP 的优势与不足,对于根据气象水文研究目的恰当选择降水数据具有重要意义。本章选择 MSWEP Version2.2 及其前身 Version2.1,两种研究型卫星反演降水 TRMM 3B42 V7,CMORPH BLD 和再分析降水 ERA5,共 5 套数据;以第 2 章基于 GTWR 插值得到的蚌埠流域 2010—2015 年 0.25°×0.25°分辨率的日降水量;从总体效果、时序精度、空间精度和不同强度降水估计效果四方面综合比较它们对蚌埠流域日降水的分类辨识和定量估计能力。

3.2　全球降水数据集及精度评估体系

3.2.1　全球降水数据集

MSWEP 是由 Beck 等[100,129]采用加权集合算法将 4 种未经校正的卫星反演降水(TMPA 3B42RT、CMORPH、GSMaP、GridSat)、2 种再分析降水(ECMWF Interim Reanalysis、JRA55)和约 75 000 个地面雨量计观测降水 3 类数据融合得到的首个覆盖全球、横跨 1979—2022 年的高分辨率(0.1°×0.1°/h)降水数据集。该产品先后多次从算法和数据源方面进行了优化升级。研制过程包括源数据质量控制与检验、卫星和再分析降水权重计算与融合、基于雨量站观测的融合数据校正 3 个环节,具体分为 10 步,相关细节可参考文献[100]。与 Version 2.1(V2.1)版相比 V2.2 增加了 GridSat 热红外图像反演降水的质量控制程序,并将数据向前反演至 1980 年;针对累积概率分布函数(Cumulative Distribution Function,CDF)可能放大强降水量级与趋势的问题,通过缩放校正后的融合降水以匹配未经 CDF 校正的融合数据趋势。本章在 www. gloh2o. org 中下载了 2010—2015 年 0.1°×0.1°、3 h 的 V2.1 和 V2.2 降水数据。

代表性卫星降水为 TRMM 3B42 V7 和 CMORPH BLD。TRMM 3B42 V7 是 TRMM 卫星与其他卫星联合反演的降水产品,由集成红外遥感和微波遥感技术的多卫星联合估计算法反演,最后利用雨量计观测月降水校正偏差[130]。CMORPH 反演原理是从地球静止卫星观测的高分辨率红外亮温资料计算降水云系统的移动矢量,然后把基于低轨卫星被动微波反演的瞬时降水分布沿着该移动矢量外推至目标分析时间以做成空间连续的降水分布[131]。CMORPH BLD 为采用 Optimal Interpolation(OI)方法融合 CMORPH CRT 和雨量站观测得到的产品。两种卫星降水空间分辨率均为 0.25°×0.25°,时间分辨率为 3 h,它们都是优秀的研究型卫星反演降水数据。再分析降水选择了 ECMWF 发布的第 5 代全球大气再分析产品 ERA5[132],输出降水的空间分辨率为 0.25°×0.25°,时间分辨率为 1 h。本章下载了 2010—2015 年上述 3 种数据作为 MSWEP 精度评估的比较对象。

3.2.2 精度评估体系

（1）数据预处理

直接利用离散雨量站观测值评估格点降水估计产品,无法对大量空白区域进行检验。本章利用第 2 章基于 GTWR 方法将高密度地面雨量站网观测展布得到的栅格降水数据作为基准降水。

综合地面基准降水与 5 种格点降水产品的时空分辨率属性,确定精度评估空间尺度为 0.25°×0.25°栅格,时间尺度为日。为此,对 MSWEP 实施空间聚合与时间累加,得到 2006—2015 年 0.25°×0.25°日降水。TRMM 3B42 V7、CMORPH BLD 与 ERA5 空间分辨率满足需求,在时间维度上求和得到逐日降水数据。

（2）精度评估内容与指标

本书以地面格点降水数据作为基准,从总体效果、时序精度、空间精度及不同强度降水估计效果 4 个角度,全面对比 MSWEP V2.2、MSWEP V2.1、TRMM 3B42 V7、CMORPH BLD 和 ERA5 共 5 种 GPEs 对蚌埠流域日降水的综合表征能力（图 3.1）。需要说明的是,前 4 种降水产品融合的地面观测降水资料来自国际气象交换站,而本书观测资料源自水文观测站网,二者并无交叉,确保了数据间的独立性。

总体效果从流域日平均降水空间分布与格点降水散点图两方面分析。时序精度指各栅格处待评估降水产品与基准降水时序序列的比较结果,评价指标包括分类指标和定量指标。本书采用 AghaKouchak 等[133]提出的兼顾降水量的体积分类指标（Volumetric Indices）,即 VHI（Volumetric Hit Index）、VFAR（Volumetric False Alarm Ratio）和 VC-

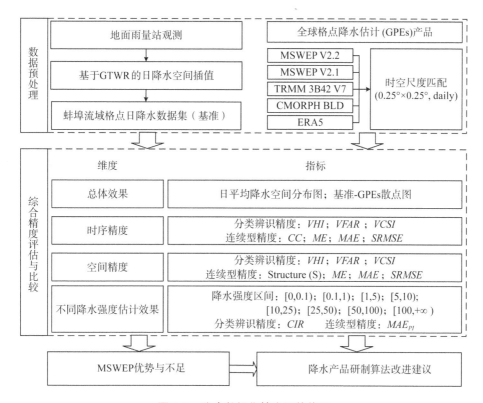

图 3.1　降水数据集精度评估体系

SI(Volumetric Critical Success Index)评估各产品的分类辨识能力,见式(3-1)~式(3-3)。三者的取值范围均介于 0~1,VHI 与 $VCSI$ 越大、$VFAR$ 越小,则 GPE 对降水事件的探测能力较强。定量指标包括 ME、MAE、$SRMSE$ 和 CC。若 ME 接近于 0、MAE 与 $SRMSE$ 较小、CC 较高,则 GPE 定量估测精度较高。空间精度为某一时段所有栅格处待评估降水与对应位置基准降水的比较结果,上述指标均可用于空间精度评估。但继续采用 CC 无法定量分析降水局部空间结构的相似性,这里将某时段 GPE 和地面格点降水视为图像,引入结构相似性指数(Structural Similarity Index,SSIM)[134],SSIM 考虑了图像的 luminance(L)、contrast(C)和 structure(S),分别涉及均值、方差和相关性的局部差异。本书仅将 S 作为评价指标[式(3-4)],取值范围介于 0~1,本质上为局部空间相关系数[137],S 越接近于 1,空间结构相似度越高。除上述 3 项内容外,还取 0.1 mm/d、1 mm/d、5 mm/d、10 mm/d、25 mm/d、50 mm/d 和 100 mm/d 将降水强度划分为 8 个区间,重点评估 GPE 对不同强度区间降水事件的正确辨识比例和各区间降水估计的平均误差,前者采用 Correct Identification Ratio(CIR),该指标针对降水区间而非单一阈值;后者采用 MAE 表征,为与时序和空间精度区别,记为 MAE_{PI},见式(3-5)~式(3-6)。

$$VHI = \frac{\sum_{i=1}^{N}(GPE_i \mid GPE_i > T \& G_i > T)}{\sum_{i=1}^{N}(GPE_i \mid GPE_i > T \& G_i > T) + \sum_{i=1}^{N}(G_i \mid GPE_i \leqslant T \& G_i > T)}$$

(3-1)

$$VFAR = \frac{\sum_{i=1}^{N}(GPE_i \mid GPE_i > T \& G_i \leqslant T)}{\sum_{i=1}^{N}(GPE_i \mid GPE_i > T \& G_i > T) + \sum_{i=1}^{N}(GPE_i \mid GPE_i > T \& G_i \leqslant T)}$$

(3-2)

$$VCSI = \frac{\sum_{i=1}^{N}(GPE_i \mid GPE_i > T \& G_i > T)}{\sum_{i=1}^{N}[GPE_i \mid (GPE_i > T \& G_i > T) + G_i \mid (GPE_i \leqslant T \& G_i > T) + GPE_i \mid (GPE_i > T \& G_i \leqslant T)]}$$

(3-3)

$$S(GPE,G) = \frac{\sigma_{GPE,G} + c}{\sigma_{GPE}\sigma_G + c}$$

(3-4)

$$CIR = \frac{\sum_{i=1}^{N}(1 \mid GPE_i \in [T_{down}, T_{up}) \& G_i \in [T_{down}, T_{up}))}{\sum_{i=1}^{N}(1 \mid GPE_i \in \forall R^+ \bigcup \{0\} \& G_i \in [T_{down}, T_{up}))}$$

(3-5)

$$MAE_{PI} = \frac{1}{n} \sum_{j=1}^{n} \mid GPE_i - G_i \mid, where\ GPE_i \in \forall R^+ \bigcup \{0\} \& G_i \in [T_{down}, T_{up})$$

(3-6)

式中,对于时序精度分析,GPE_i 与 G_i 分别为某个栅格第 i 时段反演产品与地面观测的降水量,N 为时段数;对于空间精度分析,GPE_i 与 G_i 分别指某一时段第 i 栅格反演产品与地面观测的降水量,N 为栅格数;T 为降水二分类事件的阈值,本书取 $T = 0.1\ mm/d$。式(3-4)以 3×3 的滑动窗口为分析单元,σ_{GPE}、σ_G 为某时段滑动窗口内待评估降水与地面观测降水的均方根误差,$\sigma_{GPE,G}$ 为二者协方差,常数 c 用于均值或方差变异性接近于零的情况(如较大的一致性斑块),以增加计算公式的稳定性[134-135]。式(3-5)~式(3-6)中 T_{down}、T_{up} 分别为降水强度区间的下界和上界,$\forall R^+ \bigcap \{0\}$ 为任意非负实数。

3.3　降水数据集可利用性

3.3.1　总体效果

图 3.2 为基准降水数据和 5 种 GPEs 的日平均降水量空间分布。所有 GPEs 均能有效刻画蚌埠流域日降水由南向北递减的空间变化特征，MSWEP V2.2 和 V2.1 对北部低值和南部高值区表征效果较好，但其他 3 种存在高估北部降水的不足的情况。图 3.3 为 0.25°×0.25° 栅格单元上各降水产品和基准降水量的散点图。5 种降水产品与基准值的总体趋势较为一致，其中 2 种 MSWEP 和 CMORPH BLD 的集中性较好，三者定量精度

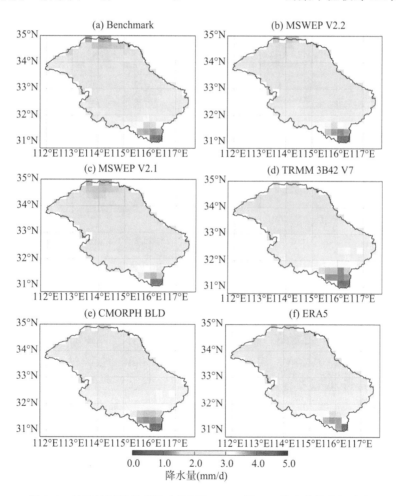

图 3.2　蚌埠流域的基准降水数据和 GPEs 的日平均降水量空间分布

较高且十分接近,*MAE* 为 1.2 mm/d,相关系数达到 0.86;TRMM 3B42 V7 和 ERA5 分散性较强,定量精度不及另外 3 种数据。但散点图模糊了时间和空间的影响,以下将从时序和空间精度的角度对各种数据的表征能力进行详细解析。

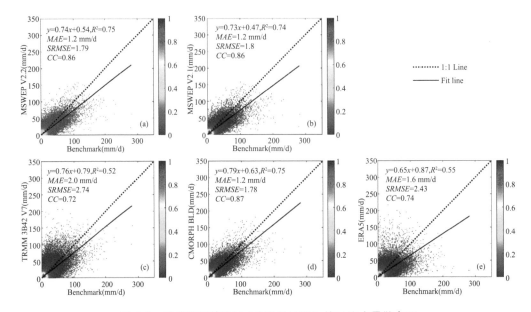

图 3.3　蚌埠流域基准降水数据和 GPEs 的日降水量散点图

3.3.2　时序精度

表 3.1 统计了 5 种 GPEs 在所有 0.25°×0.25° 栅格上时序精度的平均值。由表可知,MSWEP V2.2 和 V2.1 性能基本相当,*VHI* 接近 1,*VFAR* 小于 0.1,*VCSI* 则超过了 0.9,分类辨识能力十分优秀,同时 *CC* 达到 0.87,表明 MSWEP 与观测降水的时程同步性较好,但也存在一定的定量误差。2 种卫星反演降水均轻微低估了日降水,但 CM-ROPH BLD 分类辨识和定量估计精度达到了 MSWEP 水平,各项指标明显优于 TRMM 3B42 V7,而 TRMM 3B42 V7 甚至不及 ERA5。ERA5 的 *VHI*、*VFAR* 和 *VCSI* 与 MSWEP V2.2 接近,但误差更加突出。总体上,5 种降水产品具有较好的有雨/无雨分辨能力,但定量误差不可忽视。与散点图呈现的规律一致,2 种 MSWEP 和 CMORPH BLD 时序精度相当且最优,其次为 ERA5,TRMM 3B42 V7 综合精度最差。

表 3.1　蚌埠流域 GPEs 的时序精度平均值

指标	MSWEP V2.2	MSWEP V2.1	TRMM 3B42 V7	CMORPH BLD	ERA5
VHI	0.99	0.98	0.91	1.00	0.99

续表

指标	MSWEP V2.2	MSWEP V2.1	TRMM 3B42 V7	CMORPH BLD	ERA5
VFAR	0.07	0.06	0.12	0.07	0.09
VCSI	0.92	0.92	0.81	0.93	0.91
CC	0.87	0.87	0.72	0.87	0.75
ME(mm/d)	0.0	0.1	−0.3	−0.2	−0.1
MAE(mm/d)	1.2	1.2	2.0	1.2	1.6
SRMSE	1.79	1.80	2.77	1.80	2.45

考虑栅格空间位置属性,图 3.4 呈现了 5 种 GPEs 时序精度指标的空间分布。对于分类精度指标,除 TRMM 3B42 V7 外,其余 GPEs 的 VHI 在空间上具有较高均质性,而 VFAR 和 VCSI 均呈现西北部山丘区略低于南部的特点,2 种 MSWEP 空间分布基本一致,CMORPH BLD 在流域南部的 VCSI 甚至高于 MSWEP。但受局部地形影响,TRMM 3B42 V7 和 CMORPH BLD 在伏牛山和桐柏山少数格点的 VFAR 较高、VCSI 明显偏低。不仅如此,流域东南部分布了高塘湖、瓦埠湖、城东湖等大面积水域,而高频微波波段在探测到内陆水面区域时会持续地产生类似微量降雨的观测信号,从而呈现较严重的误报[122],导致少数孤立网格的 VFAR 和 VCSI 出现明显异常。定量估计效果方面,均呈现 MAE 南部高于北部,而 SRMSE 则北部高于南部,这与降水量由南向北递减密切相关,并且 TRMM 3B42 V7 和 ERA5 的误差相对其他 3 种数据更加突出,CMORPH BLD 的高 CC 值网格的连片化特征强于 MSWEP。

总体上,MSWEP 时序精度较高且空间变异性小于其他 GPEs,即在全流域范围内对日降水时序变化总体表征效果相对稳定。这与融合算法有关,MSWEP 在每个栅格根据 4 种未经校正的卫星和 2 种再分析降水与雨量计 3 日平均降水时间序列的相关系数确定权重,进而执行加权集合操作,由此每个格点考虑了不同源数据时序精度的空间差异,能够在较好维持优势数据在高精度区估计性能的基础上,通过吸收其他优秀源数据在低精度区的优势,从而实现在较大范围内整体提升降水估测精度。CMORPH 在蚌埠流域的权重明显高于其他源数据[136],使 MSWEP 能够保持与 CMORPH BLD 相对一致的时序精度空间分布特征,吸收天气数值模式的再分析数据后使东南部湖泊密集区的奇异现象明显减弱,同时也使 MSWEP 在某些位置的效果不及 CMORPH BLD,当然两种 GPEs 研制所用地面雨量计站网密度与位置的不同也是二者部分栅格时序精度差异的重要原因。MSWEP V2.2 较 V2.1 的 VHI 有小幅整体提升,这可能是 GridSat 反演降水质量控制和 CDF 校正程序优化带来的增益。

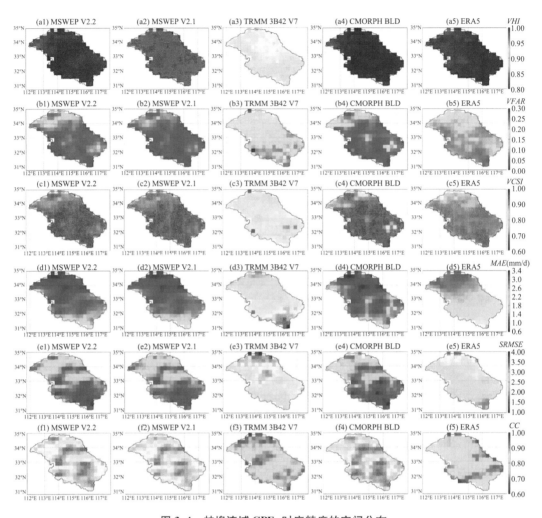

图 3.4 蚌埠流域 GPEs 时序精度的空间分布

3.3.3 空间精度

表 3.2 给出了 5 种 GPEs 估计蚌埠流域 2006—2015 年日降水的空间精度平均值。分类精度方面，MSWEP V2.2 较 V2.1 的改善幅度明显大于时序精度，但 CMROPH BLD 的 *VHI*、*VFAR* 和 *VCSI* 全部优于 MSWEP V2.2，表现出更强的分辨有雨/无雨降水的能力，TRMM 3B42 V7 的空间 *VFAR* 小于 ERA5，但其余 2 项指标不及 ERA5。空间分布刻画方面，CMORPH BLD 对蚌埠流域日降水空间结构的表征能力最强，S 接近 0.5，MSWEP V2.2 弱于 V2.1，ERA5 不及 TRMM 3B42 V7。关于定量误差，卫星和再分析产品小幅低估日降水，而 MSWEP 微弱高估，MSWEP V2.2 与 CMROPH BLD 的绝对误差均为 2.5 mm/d，且略低于 MSWEP V2.1。相对误差则不然，MSWEP V2.1 最

低、V2.2 随后，CMROPH BLD 较差，总体均高于另外 2 种数据。需要注意的是 TRMM 3B42 V7 的定量误差十分突出，明显超过 ERA5。

表 3.2 蚌埠流域 GPEs 的空间精度平均值

指标	MSWEP V2.2	MSWEP V2.1	TRMM 3B42 V7	CMORPH BLD	ERA5
VHI	0.93	0.87	0.77	0.96	0.94
$VFAR$	0.18	0.15	0.18	0.16	0.21
$VCSI$	0.79	0.75	0.66	0.82	0.76
S	0.41	0.44	0.37	0.49	0.29
ME(mm/d)	0.2	0.3	-0.3	-0.3	-0.1
MAE(mm/d)	2.5	2.6	4.3	2.5	3.4
$SRMSE$	2.62	2.50	6.54	2.84	2.90

进一步分析了空间精度指标的时程变化。考虑到日降水有雨无雨分布会影响部分指标的时间连续性，同时降水量的强随机性也增强了空间精度指标的时序震荡性，为此本书以 30 天滑动窗口对逐日精度指标进行平滑处理，提取主要特征，如图 3.5 所示。限于篇幅，这里仅展示 $VCSI$、S 和 MAE。分类辨识能力呈现出显著的季节性变化特征，汛期高于枯水期，并且汛期各种数据 $VCSI$ 的差异相对较小，而枯水期 MSWEP V2.2 总体优于 V2.1 和 CMORPH BLD，但 ERA5 也在部分时段达到最大，而 TRMM 3B42 V7 明显低于其他产品，甚至降低为 0。对于 S 和 MAE，由汛期到枯水期分别呈现由低到高、由高到低的变化过程，即汛期降水结构表征及降水量估计能力不及枯水期。多数时段 MSWEP V2.2 的 S 小于 V2.1，并且在汛期表现较差，仅高于 ERA5，CMORPH BLD 比其他 GPEs 具有更强的汛期降水空间模式描述能力。2 种 MSWEP 和 CMORPH BLD 的 MAE 基本同步变化，明显低于 TRMM 3B42 V7 和 ERA5。

表 3.2 给出了所有栅格各时段 S 的平均值，图 3.5 中 S 为所有栅格平均值随时间的变化特征，事实上这一指标也随栅格空间位置变化而不同，如图 3.6 所示。2 种 MSWEP 在流域西北和南部对降水空间结构的表征能力较强，接近或达到 0.5，而 CMORPH BLD 的 S 整体高于 MSWEP，在南部强降水区某些栅格甚至接近 0.6，反映出 MSWEP 和 CMORPH BLD 对山丘区及强降水区的空间变异性捕捉能力较强。TRMM 3B42 V7 主要分布于 0.3~0.4 之间，西北山丘区相对较高，而 ERA5 绝大多数栅格的 S 低于 0.3。

MSWEP 的空间定量误差仍然维持了较低的水平。但与时序精度不同，MSWEP 对蚌埠流域日降水的空间分类辨识能力与空间结构描述能力整体不及 CMORH BLD。这是由于 CMORPH 考虑了云系统移动矢量，基于 OI 的融合方法也兼顾了降水空间结构时空变化的关联性，而 MSWEP 针对每个栅格孤立地加权融合该位置处的多源降水信

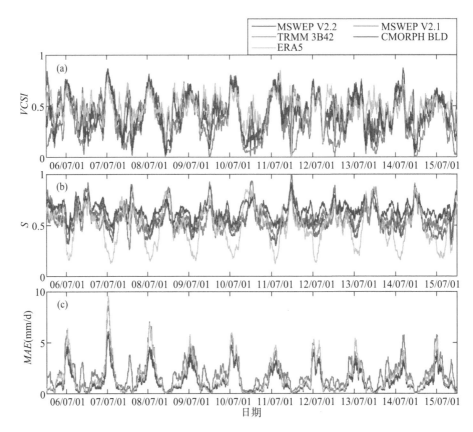

图 3.5 蚌埠流域 GPEs 的空间精度时程变化

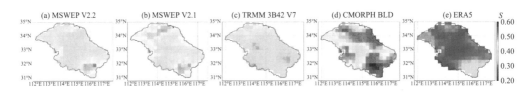

图 3.6 蚌埠流域 GPEs 的精度指标 S 的空间分布

息,缺乏对相邻格点降水空间相关性的考虑,天然携带扰乱源数据局部降水空间结构的缺陷。另外,V2.2 在 CDF 校正融合降水后,通过缩放强降水使其与未校正融合降水趋势一致,其中趋势由简单的线性回归得出[136],这可能是导致 MSWEP V2.2 汛期及西北部的 S 较 V2.1 有所降低的原因。

3.3.4 不同强度降水估计效果

MSWEP、卫星与再分析降水对不同强度日降水的估测性能直接影响着流域水文模拟合预报的准确性。图 3.7 给出了各产品对不同强度区间降水事件的正确辨识比例和绝对降水估测误差。由图可知,各降水数据对无雨事件的判断能力明显高于有雨事件。在有雨区间范围内,当降水强度小于 25 mm/d 时,辨识能力随降水强度增大而不断强化,超过 25 mm/d 后,分类辨识能力趋于减小,对于大于 100 mm/d 事件的辨别能力大幅降低,除 ERA5 外,其余 4 种 GPEs 的 CIR 约为 0.2 左右。MSWEP V2.2 对有雨事件的捕捉能力强于 V2.1,但略低于 CMORH BLD。当降水强度小于 25 mm/d 时,TRMM 3B42 V7 的 CIR 小于 ERA5,达到 100 mm/d 后,TRMM 3B42 V7 高于其他所有产品。定量误差方面,GPEs 的 MAE_{PI} 随降水强度增大而更加突出,当降水强度小于 50 mm/d 时,2 种 MSWEP 与 CMORPH BLD 误差水平基本相当,超过该强度后,MSWEP 略大于 CMORPH BLD,并且所有产品的 MAE_{PI} 增幅明显变大。对于强度超过 100 mm/d 的估计误差达到 45 mm/d 以上,MSWEP 的 MAE_{PI} 大于 TRMM 3B42 V7,ERA5 甚至超过了 70 mm/d。

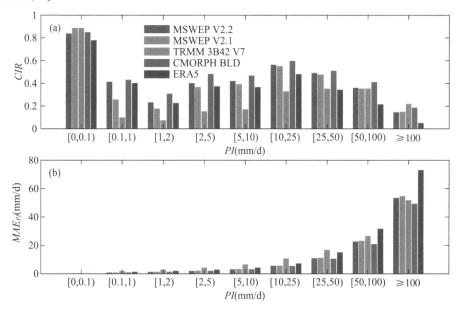

图 3.7　蚌埠流域 GPEs 对不同强度降水事件的正确辨识能力和估计误差

鉴于蚌埠流域降水呈现由南向北递减的特征,图 3.8 进一步分析了所有降水产品捕捉 ≥100 mm/d 日降水事件比例的纬向分布。图 3.8(a)显示强降水事件集中在流域南部的 6—8 月份。2 种 MSWEP 呈现出流域北部较严重的漏报特点,这可能是 ERA-interim 受模式参数的影响低估强降水,被纳入融合算法后导致流域北部的强降水漏报[136]。与 MSWEP V2.1 相比,V2.2 的漏报问题更为突出,如 2010 年和 2012 年,可能与 CDF 校正后的融合降水重新缩放有关。TRMM 3B42 V7 虽然在局部时段和区域仍有漏报和误

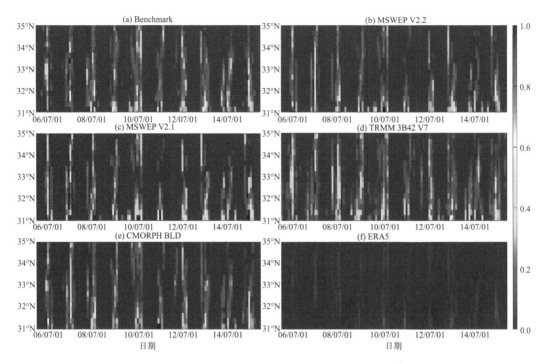

图 3.8　蚌埠流域基准数据与 GPEs 对 2006—2015 年各月份强降水事件
（≥100 mm/d）的捕捉比例沿纬度分布

报，但估计的强降水事件的比例分布与基准降水具有较高一致性。CMORPH BLD 在南部存在大量漏报，而 ERA5 基本没有捕捉强降水的能力。

总体上，MSWEP 和 CMORPH BLD 的优势体现在强度小于 100 mm/d 降水事件，而对≥100 mm 的日降水，TRMM 3B42 V7 展现了更高的综合表征能力。目前，MSWEP 融合算法在计算卫星和再分析降水的权重时，尚未考虑各源数据估计不同等级降水能力的差异，这是 MSWEP 提升强降水估测精度的潜在增长点。

3.4　小结

本研究全面比较了 MSWEP（V2.1 和 V2.2）与代表性卫星反演（TRMM 3B42 V7 和 CMORPH BLD）和再分析（ERA5）降水对蚌埠流域日降水的估计效果，认识了 MSWEP 的优势与不足，并探讨了可能原因。主要结论如下：

（1）时序精度方面，除 TRMM 3B42 V7 外，4 种降水产品的平均 VHI、$VFAR$ 和 $VCSI$ 均接近最优值，2 种 MSWEP 与 CMOPRH BLD 定量精度基本相当，CC 达到 0.87，MAE 为 1.2 mm/d，且优于 ERA5 和 TRMM 3B42 V7。MSWEP 采用加权融合算

法吸收了各种源数据在不同空间位置的优势,使时序精度指标的空间异质性明显减弱,在全流域内具有更稳定、更优秀的综合表征能力。

（2）空间精度方面,CMOPRH BLD 的平均分类辨识效果优于 MSWEP,同时对于降水空间模式具有更强的刻画能力,尤其是流域南部,但相对误差大于 MSWEP。空间精度指标呈现出明显的季节性规律,各产品汛期分类辨识能力高于枯水期,但空间模式捕捉及定量精度均不及枯水期。MSWEP V2.2 汛期日降水空间结构与地面观测的相似程度仅高于 ERA5。这与 MSWEP 依次对孤立栅格执行多源加权融合操作,扰乱了源数据空间结构有关。考虑局部降水空间自相关性是后续优化融合算法的重要方向。MSWEP V2.1 改进为 V2.2,对汛期及流域西北部降水空间结构的再现效果有小幅负订正效益。

（3）对于不同强度降水,MSWEP 和 CMORPH BLD 并不总是最优的 GPE,当降水强度超过 100 mm/d 后,TRMM 3B42 V7 表现出了更好的强降水综合估测能力。根据源数据在不同等级降水的表现,灵活调整融合权重是提升 MSWEP 估计性能的潜在方向。

总体而言,与代表性卫星和再分析降水相比,MSWEP 在蚌埠流域的时序精度最高且空间稳定性较好,但降水空间结构和强降水表征能力还有一定的改进空间。虽然相关结论还需在其他区域进一步验证,但提出的从降水空间自相关性和源数据对不同强度降水估计精度两方面优化融合算法的建议,具有重要借鉴价值。

第 4 章

考虑有雨无雨辨识的
多源降水融合

4.1　概述

遥感反演降水已展现出不错的降水时空分布格局的估计潜力,但由于吸纳的地面站点数量较少,其定量精度仍然难以满足气象水文应用的实际需求。充分利用栅格降水与地面观测的优势,将二者进行融合,实现空间分布与数据精度的平衡互补,对于获取兼具空间连续、高分辨率、高精度降水时空信息具有重要的探索价值。

当前主流融合算法重点关注了累积降水量或降水强度的误差订正,提高年、月降水估计精度的效果显著,但对于空间非连续性特征显著的短历时降水(如日、小时尺度等),融合过程中各种降水数据的有雨无雨状态信息相互干扰,难以有效改善雨区空间位置和范围的辨识效果,从而影响降水频率分析,并增大了枯水流量模拟预报的不确定性。本章提出考虑降水有雨无雨辨识的多源融合技术框架,并以地理时空加权回归方法构建了降水信息融合模型,针对蚌埠流域地面观测站点降水与 MSWEP V2.2,设计不同数据、不同融合方法组合的融合试验方案。对比各方案融合降水时空精度,并基于通用性增益评价方法,全面解析所提融合方法的有效性,并给出推荐融合方案。

4.2　考虑有雨无雨辨识的多源降水融合方法

4.2.1　多源降水融合框架

多源降水融合框架包括有雨无雨状态辨识、多源降水融合及降水融合结果修正 3 个环节。

(1) 有雨无雨状态辨识。提取地面站点观测数据中隐含的有雨无雨状态,构建降水概率估计模型,以地面站点状态的正确辨识率最高为目标优选降水概率阈值,由此辨识各栅格降水状态。

(2) 多源降水融合。构建集成地面观测、遥感反演和再分析等数据及辅助信息的多源降水融合模型,估计各栅格降水量。

(3) 降水融合结果修正。各栅格有雨无雨状态与降水量估计值对应相乘,将无雨区降水量修正为 0,得到各栅格的最终降水融合结果。

该框架内降水概率估计与降水融合模型的构建是核心,可选用克里金插值、地理加权回归、广义可加、贝叶斯最大熵、机器学习等模型,演化出不同融合方法,具有较强灵活性。

4.2.2　多源降水融合算法

本研究采用GTWR方法构建考虑有雨无雨辨识的多源降水融合模型[33]。它是地理加权回归模型(GWR)扩展到三维时空的一种改进版本。该方法把有雨无雨状态及真实降水量视作以该位置地理因子、卫星和再分析降水为解释变量的多元局部线性回归函数。从当前时段空间平面及前序相依时段平面内搜索邻近雨量计点,在估测雨量最小优化目标下估计回归参数,因而回归参数是关于时间和空间的函数,这体现了局部光滑回归的思想,能够较好刻画降水量与解释变量的时空非平稳性。正因如此,GTWR与GWR、克里金等传统方法相比,不仅可以利用降水空间自相关性及与其他因子的空间互相性,还可进一步考虑降水时间自相关信息,信息利用能力更强,也更加符合短历时降水时序相依变化的特点。

基于GTWR的降水概率估计与多源降水信息融合模型分别见式(4-1)和式(4-2)。对于降水概率估计,为避免更多误差引入,仅利用邻域内雨量计实测降水的有雨无雨状态及地理地形辅助因子信息建模。由式(4-2)可知,除具有刻画时空非平稳性的优势外,基于GTWR的融合模型不受降水信息源和辅助信息数量的限制,与最优插值、协克里金等方法相比,具有较强的扩展性。

$$POP_m(i) = \beta_{i0} + \sum_{k=1}^{K_1} \beta_{ik}(x_i, y_i, t_i) G_k(i) \tag{4-1}$$

$$P_m(i) = \gamma_{i0} + \sum_{k=1}^{K_2} \gamma_{ik}(x_i, y_i, t_i) W_k(i) + \sum_{l=1}^{L} \gamma_{il}(x_i, y_i, t_i) S_l(i) \tag{4-2}$$

式(4-1)和式(4-2)中,$POP_m(i)$ 为 i 点处降水概率;β_{i0} 为降水概率估计模型的常数项参数;$G_k(i)$ 表示 i 点处第 k 个地理地形因子(坐标、高程等,$k=1,2,\cdots,K_1$);$\beta_{ik}(x_i, y_i, t_i)$ 为 t 时段 i 点处第 k 个地理地形因子的回归参数。$P_m(i)$ 为 i 点处融合降水量;γ_{i0} 为湿区降水量估计模型的常数项参数;$W_k(i)$ 表示 i 点处第 k 个地理地形因子($k=1,2,\cdots,K_2$);$\gamma_{ik}(x_i, y_i, t_i)$ 为地理地形因子对应回归参数;$S_l(i)$ 表示 t 时段 i 点处第 l 种栅格降水数据(卫星、再分析等,$l=1,2,\cdots,L$)的降水量;$\gamma_{il}(x_i, y_i, t_i)$ 为相应回归参数。

将基于GTWR模型的降水概率估计与多源降水信息融合模型纳入4.2.1节所述的融合框架,提出基于 Double-GTWR 的多源降水融合算法 MDGTWR(The Merging Method Based on Double-GTWR)(图 4.1)。

(1) 数据预处理。①获取不同来源且相互独立的多源降水观测信息,包括地面站点观测降水、遥感反演与再分析等栅格降水数据。②确定栅格降水估计的时空分辨率。时间方面,对遥感反演、再分析降水进行数据处理,得到目标时间分辨率的栅格降水;空间方面,将不同遥感反演、再分析降水进行升/降尺度操作,获得空间分辨率一致的栅格降水。③利用地面站点最邻近 M_1 个(一般取 4 或 9)栅格降水数据,采用反距离加权方法,计算得到遥感反演与再分析产品在地面站点位置的降水估计值,从而实现栅格与地面站点降水空间尺度匹配。④准备地面站点与栅格的经纬度,从数字高程模型中提取包括站点与栅格的高程、坡度和坡向在内的地理信息。

(2)降水概率估计。①选取有雨/无雨状态判断的降水量阈值 T,若地面站点观测降水大于等于 T,则表示有雨,降水状态变量 $I_o = 1$;反之表示无雨,降水状态变量 $I_o = 0$,依次判断得到每个站点的降水状态变量。②以地面站点有雨/无雨状态为因变量,以站点地理信息为解释变量,在站点位置构建基于 GTWR 的降水概率估计模型,优化确定最佳空间邻域带宽 $q_{1\text{-}best}$,并进一步估计模型的回归参数矩阵。③利用最优带宽 $q_{1\text{-}best}$,推求各栅格降水概率估计模型的回归参数,计算得到各站点和栅格的降水概率估计值,分别记为 $pop_{s\text{-}gauge}$、$pop_{s\text{-}grid}$。

(3)有雨/无雨状态辨识。①初始化降水概率阈值 C_{pop0},据式(4-3)、式(4-4)判断各站点有雨/无雨状态的估计结果,以所有站点有雨/无雨状态的正确判断率 CIR 取到最大为目标函数,采用 SCE-UA 算法求解最优降水概率阈值 $C_{pop\text{-}best}$,寻优区间为 $[0,1]$。②基于最优降水概率阈值 $C_{pop\text{-}best}$,确定各栅格位置的有雨/无雨状态 $I_{s\text{-}grid}$。

$$I_{s\text{-}gauge} = \begin{cases} 1, pop_{s\text{-}gauge} \geqslant C_{pop} \\ 0, pop_{s\text{-}gauge} < C_{pop} \end{cases} \tag{4-3}$$

$$CIR = \frac{cnt(I_{s\text{-}gauge} = 0 \mid I_o = 0) + cnt(I_{s\text{-}gauge} = 1 \mid I_o = 1)}{n} \tag{4-4}$$

式中,$I_{s\text{-}gauge}$ 为基于降水概率模型与降水概率阈值判断的站点有雨/无雨状态;$cnt(\cdot)$ 表示满足预定条件的站点数量,n 为研究区地面观测站点总数;CIR 为正确率评分;$pop_{s\text{-}gauge}$ 为各站点的降水概率估计值;I_o 为站点实际降水状态值。

(4)多源降水信息融合。①利用地面站点观测降水、遥感反演和再分析产品在地面站点的降水量估计值及相关地理辅助信息,在站点位置构建基于 GTWR 多源信息融合模型,采用 SCE-UA 算法优化最佳空间邻域带宽 $q_{2\text{-}best}$,并进一步估计融合模型的回归参数矩阵。②基于最优带宽 $q_{2\text{-}best}$,针对逐个栅格估计多源信息融合模型的回归参数,进而计算得到每个栅格的融合降水量。

(5)融合降水量修正。①针对各栅格,采用 $CP_{m\text{-}grid} = I_{s\text{-}grid} \cdot P_{m\text{-}grid}$ 修正融合降水量。②检测是否存在 $CP_{m\text{-}grid}$ 小于 0 的栅格;若存在,针对每个不合理栅格,搜索最邻近 M_2 个(一般取 4 或 9)满足 $I_{s\text{-}grid} = 1$ 且 $CP_{m\text{-}grid} > 0$、$I_{s\text{-}grid} = 0$ 且 $CP_{m\text{-}grid} = 0$ 条件的栅格,

利用这些合理栅格的数据、反距离加权法计算得到 $CP_{m\text{-}grid}$ 的修正值，即为最终降水估计结果。

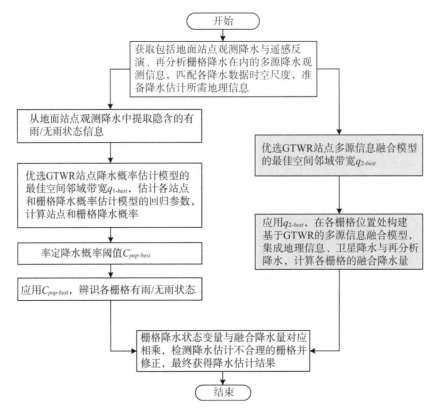

图 4.1 多源降水融合算法 MDGTWR 流程

4.3 降水融合试验与增益评估方法

4.3.1 融合试验设计

多源融合试验的空间分辨率取 $0.05° \times 0.05°$，空间范围为蚌埠流域，时间分辨率为日，时间范围取 1979—2016 年。根据融合试验的时空范围，采用基于最邻近 4 个栅格的反距离加权方法将 MSWEP V2.2 降尺度至 $0.05° \times 0.05°$ 分辨率，利用 SRTM V4.1 的 30 m DEM 数据，提取地面气象站（78 个）和栅格的经纬度与高程信息。在完成数据预处理的基础上，基于 MDGTWR 算法开展地面站点和 MSWEP V2.2 的降水融合试验。

MDGWTR 算法中降水概率估计和降水融合模型所用的地理信息分为仅利用经纬度（XY）和经纬度＋高程（XYH）2 种情形，以分析考虑高程因子对于降水信息融合的影响。该算法所用的 GTWR 模型较 GWR 考虑了时间自相关性的影响,这对于融合精度的利弊、影响,通过采用多源降水融合算法 MDGWR 开展对比实验进行解析。另外,为分析 MDGTWR 考虑有雨无雨对于融合精度的影响,还采用基于 GWR 或 GTWR 的多源降水融合算法(记为 MGWR/MGWTR,仅利用一次 GWR 或 GTWR,直接对多源信息融合)开展降水融合试验,地理信息同样考虑 XY 和 XYH。因此,考虑数据源、融合方法、地理因子的不同组合,共设计了 8 套降水融合试验方案,如表 4.1 所示。

表 4.1　多源降水融合试验方案

序号	数据源	融合方法	地理因子
1		MGWR	XY
2		MGWR	XYH
3		MGTWR	XY
4	地面站点 + MSWEP V2.2	MGTWR	XYH
5		MDGWR	XY
6		MDGWR	XYH
7		MDGTWR	XY
8		MDGTWR	XYH

为评价融合降水精度,需预留部分站点用作检验,本研究采用交叉验证方式进行验证,采用 K-means 聚类方式将 78 个地面站点平均划分为 4 组,依次以每 1 组作为检验站点,其余作为建模站点,形成 4 套建模融合试验所用的地面观测站网,如图 4.2 所示,即表 4.1 中 8 套方案均轮次对 4 套地面站网数据开展降水融合试验。

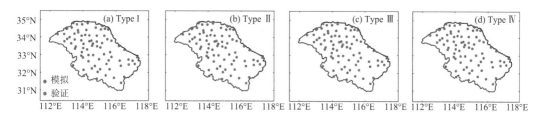

图 4.2　蚌埠流域融合试验所用地面观测站网

4.3.2　增益评估方法

本研究采用的精度评估指标包括分类辨识精度指标与定量精度指标 2 类。分类辨识精度指标包括探测率(Probability of Detection,POD)、误报率(False Alarm Ratio,FAR)、临界成功指数(Critical Success Index,CSI)和 Heidke 技巧评分(Heidke Skill Score,HSS),取 0.1 mm/d 和 0.1 mm/3 h 作为有雨/无雨判断阈值。其中,POD 值越高

表示有雨事件漏报率越小,FAR 越低表示有雨事件误报率越小,CSI 越大表示降水产品对有雨事件的综合探测能力越强。HSS 的取值范围为$[-1,1]$,若 HSS 小于零则说明降水分类估计能力低于随机估计,若大于零则强于随机估计,取值越大分类辨识能力越强。定量精度指标包含降水总误差 TB(Total Precipitation Bias)、平均绝对误差(MAE)、标准化的均方根误差($SRMSE$)、相关系数(CC)、变异率(Variability Ratio)和 Kling-Gupta 效率系数(KGE)。其中,$Variability\ Ratio$ 指遥感降水标准差与基准降水标准差的比值,用于评价降水数据离散度;KGE 为考虑相关系数、均值偏差和离散度偏差的综合指标,KGE 越接近于1,表明降水估计值与实测降水的综合拟合效果越好。各指标计算公式及最优值见表 4.2。

表 4.2　精度评估指标公式及最优值

评价指标	计算公式	最优值
POD	$POD = \dfrac{H}{H+M}$	1
FAR	$FAR = \dfrac{F}{H+F}$	0
CSI	$CSI = \dfrac{H}{H+M+F}$	1
HSS	$HSS = \dfrac{2(H \times C - F \times M)}{(H+M)(M+C)+(H+F)(F+C)}$	1
TB	$TB = \sum\limits_{i=1}^{N} S - G$	0
MAE	$MAE = \dfrac{1}{N}\sum\limits_{i=1}^{N} \mid S_i - G_i \mid$	0
SRMSE	$SRMSE = \left(\sqrt{\dfrac{1}{N}\sum\limits_{i=1}^{N}(S_i-G_i)^2}\right)/\overline{G}$	0
CC	$CC = \dfrac{\sum\limits_{i=1}^{N}(G_i-\overline{G})(S_i-\overline{S})}{\sqrt{\sum\limits_{i=1}^{N}(G_i-\overline{G})^2}\sqrt{\sum\limits_{i=1}^{N}(S_i-\overline{S})^2}}$	1
Variability Ratio	$Variability\ Ratio = \sigma_S/\sigma_G$	1
KGE	$KGE = 1 - \sqrt{(CC-1)^2 + (\overline{S}/\overline{G}-1)^2 + (Variability\ Ratio - 1)^2}$	1

注:H 表示降水估计结果命中有雨事件的数量,M 表示降水估计结果漏报有雨事件的数量,F 表示降水估计结果误报有雨事件的数量,C 表示降水估计值与观测值均为无雨事件的数量。S 表示降水数据估计值,G 表示降水基准值。对于时序精度,N 表示研究时段数量(总日数),$\overline{S}$、σ_S 表示某站点所有时段降水估计值的平均值和标准差,$\overline{G}$、σ_G 表示某站点所有时段基准降水的平均值与标准差;对于空间精度,N 表示地面观测站的数量,$\overline{S}$、σ_S 表示某时段所有站点降水估计值的平均值和标准差,$\overline{G}$、σ_G 表示某时段所有站点基准降水的平均值与标准差。

对于降水定量误差,考虑有雨和无雨状态,由于降水估计值与观测值的匹配关系存在击中、漏报、误报、正确无误差 4 种关系,其中正确无误差为 0,因此总误差应由击中误差(Hit Bias,HB)、漏报降水(Miss Precipitation,MP)和误报降水(False Precipitation,FP)3 部分组成[136],如式(4-5)所示。根据分误差的含义,给出有雨/无雨事件判断的掩膜公式(4-6),据此提出各类误差计算公式,见式(4-7)~式(4-9)。显然,MP 小于 0,FP 大于 0。深入分析总误差的组成结构及各分项误差的时空分布特征对于降水估计精度提升及数据集的合理选用具有重要指导意义。

$$TB = HB + MP + FP \tag{4-5}$$

$$P = \begin{cases} 1 & Pr \geqslant T \\ 0 & Pr < T \end{cases} \tag{4-6}$$

$$HB = \sum_{i=1}^{H} S_i(S_i \geqslant T) - G_i(G_i \geqslant T) \tag{4-7}$$

$$MP = \sum_{i=1}^{M} S_i(S_i < T) \cdot P(S_i < T) - G_i(G_i \geqslant T) \cdot P(G_i \geqslant T) \tag{4-8}$$

$$FP = \sum_{i=1}^{F} S_i(S_i \geqslant T) \cdot P(S_i \geqslant T) - G_i(G_i < T) \cdot P(G_i < T) \tag{4-9}$$

式中,P 表示有雨/无雨的掩膜值;Pr 为遥感反演或地面观测降水量;T 为有雨/无雨阈值。本书取 0.1 mm/d 和 0.1 mm/3 h 作为有雨/无雨判断阈值;G、S、H、M 与 F 的含义同表 4.2。

降水融合是否有效需要结合增益评估结果分析,即计算融合降水较参考数据统计精度的改善幅度。已有研究通常选择某一融合源数据作为参考,当以遥感/再分析等栅格降水为参考时,反映降水融合对遥感/再分析降水误差订正效果;当以站网空间插值降水为参考时,反映吸收遥感/再分析降水捕捉空间分布格局方面的优势对于提高降水空间估计精度的影响。目前,关于综合采用 2 类数据作为参考的研究鲜有报道,并且主要集中于定量精度的变化,而对于分类辨识能力改善的关注明显不足。本研究提出通用性降水融合增益评价方法。评价参考数据包括降水融合所用的源数据,本研究遥感/再分析降水为 MSWEP V2.2,站网空间插值降水为采用 Double-GWR(DGWR)、Double-GT-WR(DGTWR)方法估计的降水数据,地理信息同样考虑 XY 和 XYH 2 种。精度评价指标包括分类与定量两类,根据指标大小与估计精度高低的关系可以分为正向型(指标值越大,精度越高)、逆向型(指标值越小,精度越高)、中间值最优(指标值越靠近中间最优值,精度越高)3 类指标。取融合降水精度指标较基准数据的相对改善程度作为融合增益,据此提出针对 3 类指标的融合增益评价通用公式,如表 4.3 所示。

表 4.3　多源降水融合增益评价通用公式

类型	融合增益公式	适用指标
正向型	$$\Delta Score = \frac{Score(Merging) - Score(ref)}{|Score(ref)|}$$	POD CSI HSS CC KGE MMP
逆向型	$$\Delta Score = \frac{-[Score(Merging) - Score(ref)]}{|Score(ref)|} \times 100$$	FAR FP
中间值最优型	$$\Delta Score = -\frac{[|Score(Merging) - Score_{best}| - |Score(ref) - Score_{best}|]}{|Score(ref) - Score_{best}|} \times 100$$	ME ME MHB Varibility Ratio

注：表中 Merging 表示融合降水，ref 指参考降水，$Score_{best}$ 为指标最优值。

　　本研究分类辨识与定量精度指标的增益公式，从时序精度、空间精度、不同雨强降水估计效果 3 个方面全面评估所提融合方法 MDGWTR 在提高降水估计精度方面的效益。增益评估建立在精度评价的基础上，融合降水与插值降水的精度均以检验站点实测降水为基准。对于不同强度降水估计精度，由于不同方法估计降水的击中、漏报、误报事件数量存在较大差异，利用误差累加值无法综合反映各类降水事件数量及误差大小，因此采用平均误差进行评价，即为平均误差（ME）、平均击中误差（Mean Hit Bias，MHB）、平均漏报误差（Mean Miss Precipitation，MMP）和平均误报误差（Mean False Precipitation，MFP）。

4.4　降水融合效果评价

4.4.1　时序精度与增益

　　基于地面站点观测的插值降水、MSWEP V2.2 降尺度数据和不同组合方案下融合降水（共 13 套）的时序精度平均值见表 4.4。对于分类辨识精度，与 MGWR 和 MGTWR 相比，考虑有雨无雨的 MDGWR 与 MDGTWR 方法能够使误报率 FAR 大幅度降低至 0.08 左右；提高 CSI 至 0.78 左右；POD 虽有减小，但与空间插值降水总体接近；HSS 保持不变。在融合算法中考虑降水时间自相关性、解释变量中增加高程因子，对于有雨/无雨辨识能力无明显改善。对于定量精度指标，考虑有雨无雨与否，对于 CC 和 KGE 的影响较小，但 MAE 较传统融合方法有所降低；误报误差（FP）大幅减小，击中误差（HB）也得到压缩，但漏报误差趋于扩大，与空间插值降水持平；3 项分误差变化的综合作用

表 4.4 地面插值降水、MSWEP V2.2 与多源融合降水的时序精度平均值

序号	方法	降水估计模型	POD	FAR	CSI	HSS	TB	HB	MP	FP	MAE	CC	KGE
1	基于地面观测的降水空间估计	DGWR(XY)	0.85	0.08	0.79	0.25	−701.28	−321.00	−617.50	237.25	1.15	0.84	0.75
2		DGWR(XYH)	0.82	0.08	0.77	0.24	−444.63	102.53	−856.38	309.20	1.33	0.81	0.69
3		DGTWR(XY)	0.85	0.08	0.79	0.25	−1 032.85	−656.60	−603.55	227.33	1.15	0.84	0.74
4		DGTWR(XYH)	0.83	0.08	0.77	0.24	−1 030.40	−484.83	−829.08	283.50	1.30	0.81	0.66
5	MSWEP V2.2	IDW 降尺度	0.83	0.28	0.63	0.23	−1 615.90	−2 135.88	−294.38	814.33	1.43	0.82	0.67
6		MGWR(XY)	0.92	0.29	0.67	0.26	339.48	−153.70	−175.90	669.03	1.18	0.86	0.79
7		MGWR(XYH)	0.91	0.31	0.65	0.25	819.73	298.15	−294.85	816.38	1.30	0.85	0.75
8		MGTWR(XY)	0.92	0.29	0.67	0.26	140.60	−363.70	−152.13	656.43	1.18	0.86	0.79
9	MSWEP V2.2 降尺度+地面观测融合	MGTWR(XYH)	0.91	0.31	0.65	0.25	438.65	−82.58	−257.58	778.83	1.43	0.84	0.74
10		MDGWR(XY)	0.84	0.08	0.78	0.25	−396.98	19.35	−623.63	207.33	1.13	0.85	0.64
11		MDGWR(XYH)	0.82	0.08	0.77	0.24	−453.53	171.00	−864.80	240.25	1.20	0.84	0.75
12		MDGTWR(XY)	0.84	0.08	0.79	0.25	−666.45	−256.73	−610.95	201.20	1.13	0.85	0.70
13		MDGTWR(XYH)	0.82	0.08	0.77	0.24	−799.03	−185.15	−836.45	222.63	1.18	0.85	0.75

注:TB、HB、MP 和 FP 单位为 mm,MAE 单位为 mm/d。

使融合降水的总误差 TB 由传统方法高估地面降水转为低估,并且绝对值有所增加,这与遥感反演降水误差组成有密切关系。对比所提方法 MDGTWR 与 MDGWR 中,将降水时间自相关性纳入融合模型,使融合降水 MP 与 FP 有所减小,高程因子的引入,则使 KGE 略有增大。

因此,对于时序精度而言,在传统融合方法的基础上,考虑有雨无雨能够压缩误报率和误报误差,同时击中误差也相应减小,漏报误差趋近于插值降水,总误差的变化因源数据误差特征而异;降水时间自相关性与高程因子的附加效应主要体现在定量误差方面,前者可改善误报和漏报误差,但后者使综合定量精度有所提升。

在认识本研究方法较传统融合模型优势的基础上,进一步分析多源融合降水较参考降水的融合增益,结果见表 4.5。首先,以 MSWEP V2.2 为参考降水,对于分类精度指标,多源融合使 POD 较遥感降水有所减小,相对减小幅度不超过 2%,而 FAR 增益均超过 70%,CSI 改善幅度达到 20% 以上,HSS 表现为正增益。定量精度指标方面,HB 和 FP 削减幅度分别超过 80% 和 70%,但由于站网密度稀疏,将其与遥感降水融合后,使漏报雨量趋于增大,三者综合作用是 TB 改善幅度超过 50%,同时 MAE 的增益也超过 15%,表明总体误差得到有效削减。CC 也以正增益为主,另外综合反映误差、相关系数及标准差的 KGE 指标,当解释变量增加高程后,改善效益超过了 20%。

其次,以插值降水作为参考的降水融合增益,需要说明的是,比较的插值降水通过与融合降水对应的降水空间估计方法得到,如与 MDGTWR(XY) 比较的插值降水通过 DGTWR(XY) 模型计算,即不同方法融合降水的比较基准不同。4 套融合方案相对于地面插值降水的 POD、CSI、HSS 增益小于 0,但绝对值不超过 2%,对 FAR 有超过 5% 的改善效果。定量误差指标则以正增益为主,虽然 MP 略有减小,但 FP 压缩效益超过 10%,HB 减小幅度甚至超过了 60%,使总误差得到显著降低。由于插值降水的 MAE 和 CC 较高,融合增益相对较小,但解释变量增加高程后,KGE 增益同样能够达到 20% 以上。

因此,比较 2 种参考降水数据,本研究方法使降水估计时序精度总体表现出正向改善效益,特别是对 FP 和 HB,呈现显著的削减效益,解释变量引入高程可提升综合定量精度 KGE 的幅度超过 20%。

4.4.2　空间精度与增益

基于地面站点观测数据的插值降水、MSWEP V2.2 降尺度数据和不同组合方案下融合降水(共 13 套)的空间精度平均值见表 4.6。对于分类精度指标,与传统不考虑有雨无雨的融合方法相比,MDGWR 与 MDGTWR 能够使误报率 FAR 大幅度降低至 0.64 附近;提高 CSI 至 0.60 附近;POD 虽有减小,但与空间插值降水总体接近;HSS 相差不

表 4.5　多源融合降水相对于参考数据的时序精度增益

%

序号	对比的参考数据	降水估计模型	POD	FAR	CSI	HSS	TB	HB	MP	FP	MAE	CC	KGE
1	MSWEP V2.2	MDGWR(XY)	0.84	72.97	25.33	7.99	75.4	99.1	−111.8	74.5	21.05	3.99	−44.4
2		MDGWR(XYH)	−1.80	73.32	22.45	4.49	71.9	92.0	−193.8	70.5	15.79	3.37	20.6
3		MDGTWR(XY)	0.99	72.97	25.53	8.21	58.8	88.0	−107.5	75.3	21.05	4.29	−16.3
4		MDGTWR(XYH)	−1.80	73.23	22.41	4.49	50.6	91.3	−184.1	72.7	17.54	3.68	25.0
5	地面插值降水	MDGWR(XY)	−1.03	5.85	−0.57	−1.00	43.4	94.0	−1.0	12.6	2.17	0.89	−6.7
6		MDGWR(XYH)	−0.94	7.93	−0.36	−1.04	−2.0	−66.8	−1.0	22.3	9.43	3.69	25.4
7		MDGTWR(XY)	−1.03	6.42	−0.48	−1.10	35.5	60.9	−1.2	11.5	2.17	1.19	9.7
8		MDGTWR(XYH)	−1.03	7.90	−0.42	−1.14	22.5	61.8	−0.9	21.5	9.62	4.00	23.9

表 4.6 地面插值降水、MSWEP V2.2 与多源融合降水的空间精度平均值

序号	数据研制方法	降水估计模型	POD	FAR	CSI	HSS	TB	HB	MP	FP	MAE	CC
1	基于地面观测的降水空间估计	DGWR(XY)	0.68	0.14	0.62	0.07	−2.25	−1.08	−2.00	0.78	1.15	0.72
2		DGWR(XYH)	0.66	0.14	0.59	0.07	−1.38	0.40	−2.78	1.03	1.33	0.66
3		DGTWR(XY)	0.68	0.13	0.62	0.07	−3.35	−2.13	−1.93	0.75	1.15	0.72
4		DGTWR(XYH)	0.65	0.14	0.59	0.07	−3.25	−1.53	−2.65	0.90	1.30	0.66
5	MSWEP V2.2 降尺度	IDW(邻近4点)	0.72	0.42	0.45	0.05	−5.23	−6.90	−0.98	2.63	1.43	0.59
6		MGWR(XY)	0.82	0.43	0.51	0.06	1.08	−0.53	−0.58	2.15	1.18	0.67
7		MGWR(XYH)	0.81	0.46	0.48	0.05	2.65	1.00	−0.95	2.65	1.30	0.63
8		MGTWR(XY)	0.82	0.44	0.50	0.06	0.43	−1.15	−0.48	2.13	1.18	0.66
9		MGTWR(XYH)	0.82	0.46	0.48	0.05	1.40	−0.28	−0.83	2.50	1.43	0.60
10	MSWEP V2.2 降尺度＋地面观测融合	MDGWR(XY)	0.67	0.13	0.61	0.07	−1.30	0.05	−2.03	0.65	1.13	0.73
11		MDGWR(XYH)	0.64	0.13	0.59	0.07	−1.45	0.58	−2.78	0.78	1.20	0.69
12		MDGTWR(XY)	0.67	0.13	0.61	0.07	−2.18	−0.85	−1.98	0.65	1.13	0.73
13		MDGTWR(XYH)	0.64	0.13	0.59	0.07	−2.55	−0.60	−2.73	0.73	1.18	0.69

大。在融合算法中考虑降水时间自相关性、解释变量中增加高程因子,对于分类辨识能力的影响十分微弱。对于定量精度指标,考虑有雨无雨融合方法的 MAE 较传统方法有所降低、同时提高 CC;FP 由 $2\,mm/d$ 以上下降至 $0.6\sim0.8\,mm/d$,HB 也有所减小,但漏报误差趋于 MP 增大,与空间插值降水 MP 基本一致;融合降水总误差 TB 由传统方法高估地面降水转为低估地面降水,并且绝对值有所增加。将降水时间自相关性纳入融合模型,可小幅降低 MAE 并提升 CC,而引入高程因子,则使 MP、FP 和 MAE 略有增大,同时 CC 有所降低。

因此,从不同融合方案降水空间精度的比较来看,与时序精度类似,考虑有雨无雨的融合方法较传统方法的优势同样主要体现在降低误报率、误报误差和击中误差方面。降水时间自相关性的引入对于空间精度具有小幅正向影响,而高程信息对于部分定量精度指标的改善具有负面效应。

表 4.7 给出了多源融合降水较 MSWEP V2.2、地面插值降水的空间精度增益。首先,以 MSWEP V2.2 为参考降水分析增益。对于分类精度指标,信息融合使 POD 较遥感降水有所减小,而 FAR 增益均超过 60%,CSI 改善幅度达到 30% 以上,HSS 的正增益均不低于 35%。定量精度指标方面,HB 和 FP 削减效益十分显著,分别超过 80% 和 70%,但由于站网密度稀疏,将其与遥感降水融合后,使漏报雨量增大,正负误差抵消后呈现 TB 正向改善,同时 MAE 增益超过 15%,总体上看空间误差得到有效削减,另外,引入地面观测降水使空间相关系数 CC 也有超过 15% 的提升。

较插值降水而言,各融合方案相对于地面插值降水的 POD、CSI、HSS 增益均略小于 0,对 FAR 有不超过 10% 的压缩效益。定量精度指标方面,除 MDGWR(XYH)的 MP 略有减小,TB、HB、FP 均显著改善,特别是 HB 的减小幅度超过了 60%;MSWEP V2.2 与地面观测降水融合后可降低 MAE 介于 2%~10%,提升 CC 介于 1.0%~5.0%。

因此,考虑有雨无雨的融合方法使降水空间精度较 2 种参考降水数据,总体以正增益为主,特别是对误报误差和击中误差具有大幅削减作用。

4.4.3　融合效果随雨强变化

降水估计结果的时空精度不仅与地理、季节、气候等因素有关,还因降水强度不同而异,采用考虑有雨无雨的融合方法对不同强度降水精度具有何种影响值得关注。图 4.3 给出了多源融合降水对不同强度降水的分类辨识精度及增益。由图可知,当降水强度不超过 $10\,mm/d$ 时,考虑有雨无雨的融合方法的 FAR 与 CSI 优于传统方法,但 POD 和 HSS 则略低,随降水强度增大,传统融合方法与考虑有雨无雨融合方法的差异趋于缩小,降水强度超过 $10\,mm/d$ 后,分类辨识能力基本一致。在考虑有雨无雨的融合方法中,是否利用降水时间自相关性及站点工程信息,对各强度降水分类精度影响不大。分类指

表 4.7 多源融合降水相对于参考降水的空间精度增益

%

序号	对比的参考数据	降水估计模型	POD	FAR	CSI	HSS	TB	HB	MP	FP	MAE	CC
1	MSWEP V2.2	MDGWR(XY)	−6.40	68.92	36.10	45.18	75.1	99.3	−107.7	75.2	21.05	22.88
2		MDGWR(XYH)	−10.07	68.56	30.75	38.58	72.2	91.7	−184.6	70.5	15.79	17.37
3		MDGTWR(XY)	−6.26	69.22	36.38	45.18	58.4	87.7	−102.6	75.2	21.05	22.88
4		MDGTWR(XYH)	−10.35	69.28	30.42	38.07	51.2	91.3	−179.5	72.4	17.54	17.37
5	地面插值降水	MDGWR(XY)	−1.83	4.95	−0.97	−1.38	42.2	95.3	−1.3	16.1	2.17	1.40
6		MDGWR(XYH)	−1.83	7.08	−0.68	−1.44	−5.5	−43.8	0.0	24.4	9.43	4.92
7		MDGTWR(XY)	−1.79	4.28	−0.93	−1.38	35.1	60.0	−2.6	13.3	2.17	1.05
8		MDGTWR(XYH)	−1.65	7.23	−0.59	−0.73	21.5	60.7	−2.8	19.4	9.62	4.92

标增益随降水强度增加的变化趋势与精度指标变化趋势相反。当降水强度超过 10 mm/d 后，*POD*、*CSI* 和 *HSS* 正增益逐渐显化，特别是超过 50 mm/d 后，增益上升到 10% 以上；*FAR* 增益则随降水强度增大而减小，主要介于 0~10% 之间。

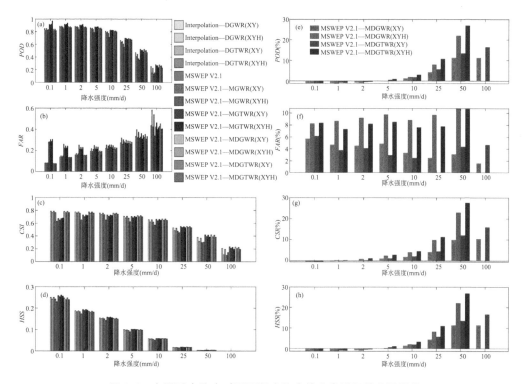

图 4.3　多源融合降水对不同强度降水的分类辨识精度及增益

图 4.4 给出了多源融合降水对不同强度降水的定量精度及增益。对于降水强度不超过 10 mm/d 的降水事件，考虑有雨无雨融合方法对 *MFP* 的改善效果较小，而当降水强度继续增大后，*MFP* 逐步低于传统方法；传统融合方法与考虑有雨无雨融合方法的 *MHB* 和 *MMP* 始终保持一致；在正负误差的抵消作用下，本研究方法的 *ME* 绝对值较传统方法略有增加。对于定量误差增益方面，*MMP* 增益随降水强度增加而增大，尤其是高于 50 mm/d 后，MGDTWR(XYH) 的平均漏报误差的削减幅度超过了 10%；*MFP* 增益呈现先减小后增加的趋势，对有雨/无雨和强度大于 50 mm/d 的事件，MGDTWR(XYH) 的平均误报误差压缩效益也达到了 10% 以上；*MHB* 表现为逐渐降低的趋势，对于各降水强度阈值，增益均不低于 10%。

总体上，当降水强度较小时，考虑有雨无雨的融合方法比传统融合方法具有更强的分类辨识能力，但二者的定量误差相差较小。较地面插值降水，本研究融合方法对强降水事件(降水强度≥50 mm/d)的综合辨识精度 *CSI* 和 *HSS* 增益均超过了 10%，*MMP*

和 MFP 压缩效果也达到 10%。

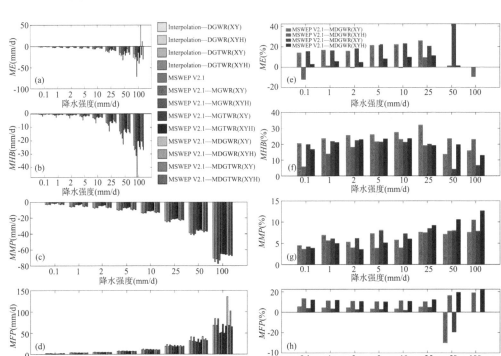

图 4.4   多源融合降水对不同强度降水的定量精度及增益

4.4.4   推荐降水融合方案

综合 8 套方案的多源融合降水估计精度及相对于参考降水数据的精度增益,推荐采用考虑有雨无雨辨识的 MDGTWR(XYH)方法融合地面观测降水与 MSWEP V2.2,作为蚌埠流域的多源降水融合方案。降水融合试验中所用地面观测数据来自四分之三地面站点,而非全部。本节采用推荐方案将全部地面站点日观测降水与 MSWEP V2.2 融合得到蚌埠流域 1979—2016 年 $0.05°×0.05°$ 分辨率的融合降水数据集。图 4.5 给出了蚌埠流域 2016 年典型日期不同方法融合降水空间分布。显然,推荐方案的融合降水能够较好表征有雨和无雨区的范围与位置,对于有雨区降水空间分布刻画效果更优。

4.5   小结

本章针对传统融合方法对提高降水分类辨识效果有限的问题,在考虑降水有雨无雨辨识的基础上,构建了多源降水融合算法 MDGTWR。针对地面观测降水与 MSWEP V2.2,

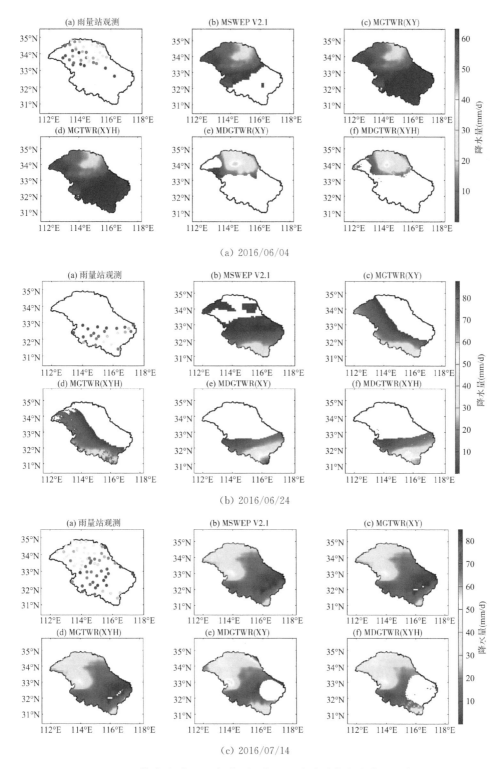

（a）2016/06/04

（b）2016/06/24

（c）2016/07/14

图 4.5　蚌埠流域 2016 年典型日期不同方法融合降水空间分布

设计了不同融合方法(MDGTWR、MDGWR、MGTWR 和 MGWR)与解释变量(XY、XYH)组合的 8 套试验方案,并提出了通用性融合增益评估方法与指标,对比分析了各融合方案的降水估计综合精度,解析了融合降水较两种参考数据在时序、空间和不同强度降水估计精度方面的增益,阐明了所提方法的有效性。主要结论如下:

(1) 提出了由有雨无雨辨识、多源降水融合及降水融合结果修正 3 个环节构成的多源降水信息融合框架,基于 Double-GTWR 模型构建了具有考虑降水时空自相关性、利用与其他变量的互相关性、集成信息源不受限等特点的多源降水信息融合方法 MDGTWR。

(2) 与传统融合方法相比,考虑有雨无雨的融合方法使时序和空间 FAR 和 FP 大幅度降低,也使 HB 有所削减,并且对于小雨具有更强的分类辨识能力。在融合方法中,考虑降水时间自相关性可改善时序误报和漏报误差,对于空间精度具有小幅正向影响。引入高程因子使时序 KGE 有所提升,对于空间 MP、FP、MAE 和 CC 具有微小负面影响。

(3) 提出了以地面插值降水和遥感反演降水作为参考、覆盖分类辨识与定量精度的正向型、逆向型和中间值最优型指标增益评估公式。无论以地面插值降水还是以遥感反演降水作为参考,本研究方法对降水估计精度总体具有正向改善作用。尤其时序 FP 和 HB 增益分别超过了 10% 和 60%,MDGTWR(XYH)使综合精度 KGE 的提升幅度达到 20% 以上。空间精度方面,FP 与 HB 增益也十分显著,分别超过了 10% 和 60%。此外,强降水事件(降水强度 $\geqslant 50\,\mathrm{mm/d}$)的 CSI 和 HSS 增益也达到 10% 以上,MMP 和 MFP 压缩效益也超过了 10%。

(4) 综合不同融合方案的降水估计精度及相对参考数据的增益,推荐采用 MDGT-WR(XYH)方法融合地面观测降水与 MSWEP V2.2,作为蚌埠流域的一种高精度降水定量估计方法。

第 **5** 章

兼顾分类与定量误差订正的
预报降水统计后处理

5.1　概述

近年来,随着地球物理观测系统日趋完善、数值天气模式迭代升级以及超级计算机性能的大幅提升,数值预报降水技术取得了长足进步。基于不同的数值模式系统和参数扰动方案等,已研制出了一系列长时效的全球栅格预报降水产品,耦合数值预报降水已成为提高水文预报水平的重要途径。但数值模式仅仅能够概化实况气象,难以克服多尺度复杂天气系统及地形起伏等诸多因素的复合影响。来自初始场、模式结构与参数化方案等方面的误差影响了降水预报信息精度,制约了其在气象、水文、地质灾害监测等领域的高效应用。

采用统计后处理技术实施数值预报降水的误差订正,是开展气象水文预报不可或缺的工作。误差包括分类和定量两方面,分类误差是指预报有雨无雨状态与实况降水状态的差值,定量误差是指预报降水量与观测降水量的差值。已有统计后处理方法在数值预报降水误差订正和预报技巧提升方面展示了较强性能。但它们侧重于数值预报降水的分类或定量单一类型误差订正。本书将具有校正有雨和无雨事件分类预报性能的经验分位数映射模型(Empirical Quantile Mapping,EQM)方法与伯努利-元高斯分布(Bernoulli-Gamma-Gaussian distribution,BGG)方法联合,提出基于 EQM-BGG 的数值预报降水统计后处理方法,应用于蚌埠流域,对 ECMWF、CMA 及 NCEP 3 种模式控制预报的加权平均预报降水数据进行误差订正,评价耦合方法相较于单一方法降低预报降水分类和定量误差的性能。初步提出预报降水的有效预见期判别准则,研究 EQM-BGG 方法在延长降水预报有效预见期方面的作用。

5.2　统计后处理模型与精度评估方法

5.2.1　数据预处理

TIGGE 是世界天气研究计划的系统研究与可预报性试验 THORPEX 计划的核心组成部分,旨在将全世界各国的气象业务中心集合预报产品集中起来,形成超级集合预报系统,并加速提高中短期 1~14 d 预报时效上的预报精度[137]。本书获取了 TIGGE 数据库(https://apps.ecmwf.int/datasets/data/tigge/)中 2008 年 1 月 1 日—2016 年 12 月 22 日 ECMWF、CMA 及 NCEP 3 个全球数值模式的控制预报降水数据。3 种数据的时间分辨率均为 6 h,空间分辨率为 0.5°,预报时效为 0~240 h(10 d)(UTC 时间)。采用蚌埠流域及子流域边界文件对模式数据进行掩膜提取,并采用算数平均方法进行加权集成,生成记作 Multi-model weighted integration forecast precipitation(MWIFP),以此作为原始预报数据。

数值预报降水的精度评价与订正,均需要高精度的实测降水数据作为基础。本研究利用第 4 章中 MDGTWR(XY)模型融合雨量站观测与 MSWEP V2.2 得到的 $0.05° \times 0.05°$ 日降水数据集,研制本章所需基准降水数据集。时间分辨率方面,根据 MSWEP V2.2 的日内分配比例,将融合日降水分解至 6 h 分辨率。空间分辨率方面,将 $0.05° \times 0.05°$ 栅格降水采用算数平均法聚合到 $0.5° \times 0.5°$ 栅格降水。

5.2.2 统计后处理模型

5.2.2.1 经验分位数映射模型(EQM)

分位数映射(QM)方法通过将预报降水的 CDF 调整至与观测降水的 CDF 近似一致,以此实现对数值模式输出数据的误差订正。QM 采用的概率分布分为经验和理论分布,本书选择操作简便的经验累积概率分布,即选择 EQM 订正预报降水误差:

$$x_{cor} = F_{tran}(F_{fore}(x)) \tag{5-1}$$

式中,x 为预报降水,x_{cor} 为 EQM 订正后的预报降水;$F_{fore}(x)$ 为预报降水 x 的经验累积概率;$F_{tran}()$ 为观测与预报降水经验累积概率分布的传递函数。

上述传递函数通过采用三次样条函数构建观测和预报降水的分位数关系[138]:

$$F_{obs}^{-1}(P_i) = a_3 [F_{fore}^{-1}(P_i)]^3 + a_2 [F_{fore}^{-1}(P_i)]^2 + a_1 F_{fore}^{-1}(P_i) + a_0 \tag{5-2}$$

式中,$F_{obs}^{-1}()$ 和 $F_{fore}^{-1}()$ 分别为观测和预报降水经验累积概率分布函数的逆函数;$F_{obs}^{-1}(P_i)$ 和 $F_{fore}^{-1}(P_i)$ 分别为累积经验概率 P_i 对应的观测和预报降水量;a_0、a_1、a_2、a_3 为 EQM 模型参数,采用最小二乘法估计。

5.2.2.2 伯努利-元高斯分布模型(BGG)

(1) 概率分布模型

BGG 模型是在元高斯分布模型[17]的基础上,耦合了伯努利分布而构建的适用于日及日尺度以下预报降水的误差订正模型[139]。

伯努利分布能有效模拟降水零值和非零值的发生情况[140-141],概率密度函数表达式如下:

$$B(k;p) = \begin{cases} p & for \quad k=1 \\ 1-p & for \quad k=0 \end{cases} \tag{5-3}$$

式中,当降水量为非零值时,k 数值为 1,概率为 p;当降水量为零值时,k 数值为 0,概率

为 $1-p$。对于预报和观测降水,记判断是否有雨的阈值分别为 z_x 和 z_y,本书均取为 $0.1\,\mathrm{mm}/6\,\mathrm{h}$。具体而言,当降水量大于阈值表示发生降水事件,$k=1$;当降水量小于阈值表示未发生降水事件,$k=0$。

伽马分布能较好描述日降水量的概率分布[142],累积概率密度函数如下:

$$G(u;\alpha,\beta)=\frac{1}{\Gamma(\alpha)}\gamma(\alpha,\beta u) \tag{5-4}$$

式中,u 为非零值降水量;α 和 β 分别为伽马分布的形状和尺度参数;$\Gamma(\alpha)=\int_0^\infty w^{\alpha-1}e^{-w}\mathrm{d}w$ 为伽马函数,$\gamma(\alpha,\beta u)=\int_0^{\beta u}v^{\alpha-1}e^{-v}\mathrm{d}v$ 表示下不完全伽马函数。

集成伯努利分布和伽马分布(Bernoulli-Gamma,BG),可以模拟原始预报降水 x 和观测降水 y 的零值和非零值降水量。对于原始预报降水 x:

$$BG\text{-}\mathrm{CDF}_x(x)=(1-p_x)+kp_xG(x;\alpha_x,\beta_x) \tag{5-5}$$

式中,$BG\text{-}\mathrm{CDF}_x(x)$ 表示 x 服从 BG 的 CDF;p_x 表示原始预报降水为非零值的概率;$G(x;\alpha_x,\beta_x)$ 表示非零值原始预报降水 x 的伽马分布 CDF,α_x,β_x 分别为相应伽马分布 CDF 的形状和尺度参数。

类似的,观测降水 y 服从 BG 的 CDF 如下:

$$BG\text{-}\mathrm{CDF}_y(y)=(1-p_y)+kp_yG(y;\alpha_y,\beta_y) \tag{5-6}$$

当预报或观测降水量小于相应阈值时,将其视作删失数据。根据式(5-5)和式(5-6),删失的预报和观测降水数据的累积概率分别为 $(1-p_x)$ 和 $(1-p_y)$。对于非零值降水,累积概率分布为连续型函数。

针对降水偏态分布特点,对原始预报降水 x 和观测降水 y 进行标准正态变换得到 $\hat{x}$ 和 $\hat{y}$,变换后数据的边缘分布均为标准高斯分布,变换后删失数据的阈值分别为 $z_{\hat{x}}$ 和 $z_{\hat{y}}$。

$$\hat{x}=\Phi_N^{-1}(BG\text{-}\mathrm{CDF}_x(x)) \tag{5-7}$$

$$\hat{y}=\Phi_N^{-1}(BG\text{-}\mathrm{CDF}_y(y)) \tag{5-8}$$

式中,$\Phi_N^{-1}(\,)$ 表示标准高斯分布 CDF 的逆函数。

采用二维高斯分布表征变换后预报降水 $\hat{x}$ 和观测降水 $\hat{y}$ 的关系[17]:

$$\begin{bmatrix}\hat{x}\\\hat{y}\end{bmatrix}\sim \mathrm{N}\left(\begin{bmatrix}0\\0\end{bmatrix},\begin{bmatrix}1 & \rho\\\rho & 1\end{bmatrix}\right) \tag{5-9}$$

式中,ρ 为变换后预报降水 $\hat{x}$ 和观测降水 $\hat{y}$ 的相关系数。

基于式(5-9)推导得到给定预报降水，观测降水的条件概率分布仍为高斯分布[式(5-10)]，均值为 $\rho\hat{x}$，标准差为 $\sqrt{1-\rho^2}$ [143]。

$$\phi(\hat{y} \mid \hat{x}) = \frac{\phi_{\mathrm{BN}}(\hat{x}, \hat{y})}{\phi_{\mathrm{N}}(\hat{x})} = \frac{1}{\sqrt{2\pi}\sqrt{1-\rho^2}} \exp\left\{-\frac{1}{2(1-\rho^2)}[y-\rho\hat{x}]^2\right\} \quad (5\text{-}10)$$

式中，$\phi_{\mathrm{BN}}(\hat{x},\hat{y})$ 为变换后预报降水 $\hat{x}$ 和观测降水 $\hat{y}$ 的联合概率密度函数；$\phi_{\mathrm{N}}(\hat{x})$ 为变换后预报降水 $\hat{x}$ 服从正态分布的概率密度函数。

若 $\hat{x} > z_{\hat{x}}$，该均值即为变换后预报降水 $\hat{x}$ 采用 BGG 方法的订正结果。显然，$\hat{x}$ 和 $\hat{y}$ 的相关程度对订正结果具有直接影响。若预报降水存在较大噪声和误差，它与观测降水的相关系数很低，甚至接近于 0 时，条件概率分布就变为标准高斯分布，订正结果的随机性明显增大。此外，参数 ρ 的估计精度也有影响，若 ρ 估计值偏低则增大订正结果的不确定性。相反地，若 $\hat{x} \leqslant z_{\hat{x}}$，则表示订正结果为小于等于删失阈值的未知值，则以 $(0,z_{\hat{x}})$ 区间内服从 $\hat{x}$ 边缘分布的随机数表征[144]。在此基础上，进一步对条件概率分布的均值作式(5-7)和式(5-8)的逆变换，求得订正后预报降水。

(2) 参数估计方法

BGG 方法中共有 7 个未知参数，它们分别是 p_x，α_x，β_x，p_y，α_y，β_y，ρ，其中前 6 个参数为预报和观测降水边缘分布的参数，ρ 为变换后预报和观测降水联合概率分布的参数。本书采用双层估计方法率定上述参数。

第一层率定的目标是边缘分布参数。与零值降水相关的 p_x 和 p_y 采用威布尔绘图位置公式计算：

$$p_x = \left(\sum_{i=1}^{S} I(\hat{x} > z_{\hat{x}})\right)/(S+1) \quad (5\text{-}11)$$

$$p_y = \left(\sum_{i=1}^{S} I(\hat{y} > z_{\hat{y}})\right)/(S+1) \quad (5\text{-}12)$$

式中，$I()$ 为指示函数；S 表示变换后样本数量。

与非零值降水关联的 α_x，β_x，α_y，β_y，利用 $x \geqslant z_x$ 的样本，采用极大似然法[145]估计 α_x 和 β_x。类似地，α_y，β_y 可采用类似方法估计。

第二层率定目标为相关系数 ρ，这是 BGG 方法的难点所在。大量零值降水直接影响 ρ 的估计精度，从而削弱模型的订正能力并放大订正结果的不确定性。本书采用 CMLE 估计[141]。考虑 $\hat{x}$ 和 $\hat{y}$ 是否超过删失阈值，将似然函数分为 4 种情况计算。

$$L(\rho) = \prod_{i=1}^{S} l(i) \quad (5\text{-}13)$$

$$l(i) = \begin{cases} \phi_{\text{BN}}(\hat{x}(i), \hat{y}(i)) & for\ \hat{x}(i) > z_{\hat{x}},\ \hat{y}(i) > z_{\hat{y}} \\ \Phi_{\text{N},\hat{y}|\hat{x}}(z_{\hat{y}}; \mu_{\hat{y}|\hat{x}}, \sigma_{\hat{y}|\hat{x}}) \bullet \phi_{\text{N},\hat{x}}(\hat{x}(i); \mu_{\hat{x}}, \sigma_{\hat{x}}) & for\ \hat{x}(i) > z_{\hat{x}},\ \hat{y}(i) \leqslant z_{\hat{y}} \\ \Phi_{\text{N},\hat{x}|\hat{y}}(z_{\hat{x}}; \mu_{\hat{x}|\hat{y}}, \sigma_{\hat{x}|\hat{y}}) \bullet \phi_{\text{N},\hat{y}}(\hat{y}(i); \mu_{\hat{y}}, \sigma_{\hat{y}}) & for\ \hat{x}(i) \leqslant z_{\hat{x}},\ \hat{y}(i) > z_{\hat{y}} \\ \Phi_{\text{BN}}(z_{\hat{x}}, z_{\hat{y}}; \rho) & for\ \hat{x}(i) \leqslant z_{\hat{x}},\ \hat{y}(i) \leqslant z_{\hat{y}} \end{cases}$$

$$(5\text{-}14)$$

式中，$\phi_{\text{BN}}()$、$\Phi_{\text{BN}}()$ 分别为二维高斯分布的 PDF（Probability Density Function）和 CDF；$\phi_{\text{N},\hat{x}}()$、$\phi_{\text{N},\hat{y}}()$ 分别为 $\hat{x}$ 和 $\hat{y}$ 的 PDF；$\mu_{\hat{x}}$、$\sigma_{\hat{x}}$ 分别为 $\hat{x}$ 的均值和标准差；$\mu_{\hat{y}}$、$\sigma_{\hat{y}}$ 分别为 $\hat{y}$ 的均值和标准差；$\Phi_{\text{N},\hat{y}|\hat{x}}()$ 为给定 $\hat{x}$ 时 $\hat{y}$ 条件分布的 CDF，$\mu_{\hat{y}|\hat{x}}$、$\sigma_{\hat{y}|\hat{x}}$ 为该分布的期望和标准差；$\Phi_{\text{N},\hat{x}|\hat{y}}()$ 为给定 $\hat{y}$ 时 $\hat{x}$ 条件分布的 CDF，$\mu_{\hat{x}|\hat{y}}$、$\sigma_{\hat{x}|\hat{y}}$ 为该分布的期望和标准差。

5.2.2.3　EQM-BGG 模型

本书将 EQM 与 BGG 耦合，提出 EQM-BGG 模型。首先，划分建模数据集与验证数据集，基于建模的预报和观测降水数据，采用双层参数率定方法构建 EQM-BGG 模型。然后，将原始预报降水和观测降水输入率定的 EQM 模型，输出第一次订正后预报降水。最后，将第一次订正后预报降水与观测降水输入构建的 BGG 模型，从而获得最终的预报降水订正结果并评价订正后预报降水精度。具体流程如图 5.1 所示。

Setp 1：将原始预报降水 x 和观测降水 y 划分为用于模型构建与检验的两部分数据 x_m，y_m，x_v，x_v。

Setp 2：建立 x_m 和 y_m 的经验累积概率分布，率定 EQM 模型中传递函数的参数 a_1，a_2，a_3，a_4。将 x_m 与 x_v 输入 EQM 模型，得到第一次订正后预报降水 $x_{m,cor-1}$ 和 $x_{v,cor-1}$。

Setp 3：根据 $x_{m,cor-1}$ 和 y_m，采用 Weibull plotting position 估计非零值降水的概率 p_x 和 p_y。

Setp 4：针对 $x_{m,cor-1}$ 中超过删失阈值 z_x 的样本数据，估计 Gamma marginal distribution 的参数 α_x 和 β_x。类似地，由 y_m 估计出观测降水边缘分布的参数 α_y 和 β_y。

Setp 5：基于 p_x，α_x 和 β_x 构建第一次订正后预报降水 $x_{m,cor-1}$ 的 BGG-CDF_x，基于 p_y，α_y 和 β_y 构建观测降水 y_m 的 BGG-CDF_y，根据构建的累积概率分布对 $x_{m,cor-1}$ 和 y_m 进行标准正态变换，输出 $\hat{x}_{m,cor-1}$ 和 $\hat{y}_m$，同时获得变换空间内的删失阈值 $z_{\hat{x}}$，$z_{\hat{y}}$。

Step 6：基于 $\hat{x}_{m,cor-1}$，$\hat{y}_m$，$z_{\hat{x}}$，$z_{\hat{y}}$，采用 CMLE 估计 $\hat{x}_{m,cor-1}$ 与 $\hat{y}_m$ 的相关系数 ρ。

Step 7：对于 $\hat{x}_{m,cor-1}$，当它超过删失阈值 $z_{\hat{x}}$ 时，变换空间内订正值为 $\rho\hat{x}_{m,cor-1}$，当它小于等于 $z_{\hat{x}}$ 时，订正值通过在 $(0, z_{\hat{x}})$ 区间内随机抽取服从 $\hat{x}_{m,cor-1}$ 边缘分布的随机数得到，对变换空间内订正值进行逆变换得到第二次订正后预报降水 $x_{m,cor-2}$，由此评估建模样本订正效果。

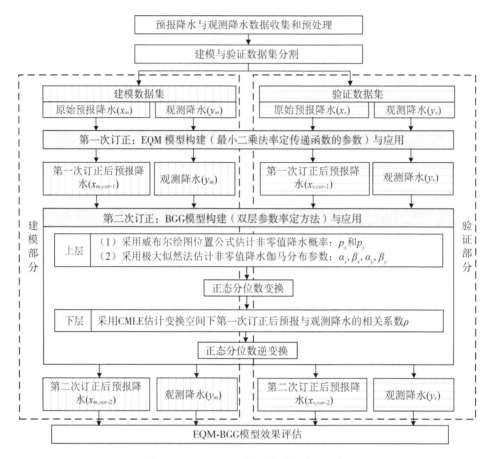

图 5.1 EQM-BGG 模型构建与应用流程

Step 8：对于 $x_{v,cor\text{-}1}$，重复 Step 7 输出 $x_{v,cor\text{-}2}$。最后评价 EQM-BGG 方法的性能。

5.2.3 精度评估方法

本研究针对流域面平均、栅格 2 种空间尺度（图 5.2）和预报时效 240 h，间隔 6 h 的 40 个时段，全面评估 MMEF 的时空精度。蚌埠流域面平均预报降水研究对象包括全流域 (BB) 与大坡岭 (DPL)、长台关 (CTG)、息县 (XX)、横排头 (HPT)、梅山水库 (MS)、蒋集 (JJ)、王家坝 (WJB) 和鲁台子 (LTZ) 8 个子流域。根据 MMEF 空间范围与流域边界的位置关系，确定待评价栅格为 48 个 $0.5° \times 0.5°$ 栅格。除上述时空尺度外，还将对不同雨强降水精度进行评估，由于目前尚无 6 h 累计雨量等级的规范划分方法，参考 24 h 不同等级雨量阈值，设置 0.1 mm/6 h、5 mm/6 h、15 mm/6 h、25 mm/6 h 和 50 mm/6 h 共 5 种不同雨强。

本书采用分类型和连续型精度评价指标，从流域面平均和栅格尺度上评价原始预报降水及订正后预报降水的精度。其中，分类型指标为 Forecast Accuracy(FA)，连续型指

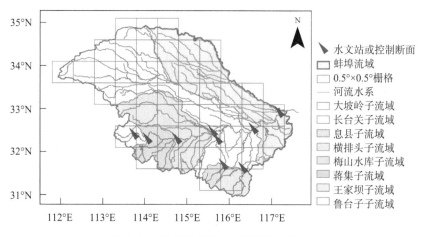

图 5.2　MWIFP 评价的空间范围与尺度

标包括 Mean Absolute Error(MAE)和 Nash-Sutcliffe Efficiency(NSE)。上述精度评价指标计算公式如式(5-15)~式(5-17)所示:

$$FA = \frac{H+C}{H+M+F+C} \tag{5-15}$$

$$MAE = \frac{1}{S}\sum_{i=1}^{S}|X_i - Y_i| \tag{5-16}$$

$$NSE = 1 - \sum_{i=1}^{S}(X_i - Y_i)^2 / \sum_{i=1}^{S}(Y_i - \overline{Y})^2 \tag{5-17}$$

式中,H 表示降水预报命中有雨事件的数量;M 为降水预报漏报有雨事件的数量;F 为降水预报误报有雨事件的数量;C 为降水预报命中无雨事件的数量,其中判断有雨/无雨的阈值为 0.1 mm/6 h;S 为预报降水样本数量;X_i 为第 i 时段预报降水,具体可为原始预报降水 MWIFP 或由 EQM、BGG、EQM-BGG 方法订正后的预报降水;Y_i 为第 i 时段观测降水,$\overline{Y}$ 为观测降水均值。

　　除上述单一指标外,借鉴 TOPSIS 多属性决策方法设置理想点的思路,采用分类型和连续型精度指标构建综合精度评分公式,基于此分析预报降水的有效预见期。

$$Score = w_1\frac{FA}{FA_s} + w_2\frac{MAE_s}{MAE} + w_3\frac{NSE}{NSE_s} \tag{5-18}$$

式中,FA_s、MAE_s 和 NSE_s 分别为 3 项精度指标的满意值,可在分析研究区降水预报精度的基础上选取合适值;w_1、w_2 和 w_3 为指标权重,满足 $w_1 + w_2 + w_3 = 1$,本书采用等权重方式处理。

5.3 预报降水误差订正效果

本书以 MWIFP 为原始预报降水,以多源融合数据为观测降水。采用 2008—2013 年观测和预报数据作为建模数据集,率定 EQM-BGG 模型参数,然后将该模型用于对 2014—2016 年验证数据集。从流域面平均(全流域及 8 个子流域)和栅格 2 种空间尺度上评价所提方法订正分类和定量误差的效果,并与 EQM 和 BGG 两个单一模型比较。

5.3.1 流域面平均预报降水误差订正效果

采用 EQM、BGG 和 EQM-BGG 方法分别对蚌埠流域面平均 MWIFP 进行订正,结果分别记为 P_{EQM},P_{BGG} 和 $P_{EQM-BGG}$。以 10 d 预见期内每天的前 6 h 为评估时段,它们的精度及其相对 MWIFP 的改善百分比如图 5.3 所示。对于分类型精度指标,P_{EQM} 的 FA 相较 MWIFP 得到了明显提升,当预见期为 $222\sim228$ h 时仍能达到 0.7 以上;P_{BGG} 的 FA 仅在少数预见期时段有所降低,多数时段提升了 FA,但效果不及 P_{EQM};$P_{EQM-BGG}$ 的 FA 与 P_{EQM} 基本保持一致,二者对于 FA 的提升效益在绝大多数预见期时段超过了 10%。

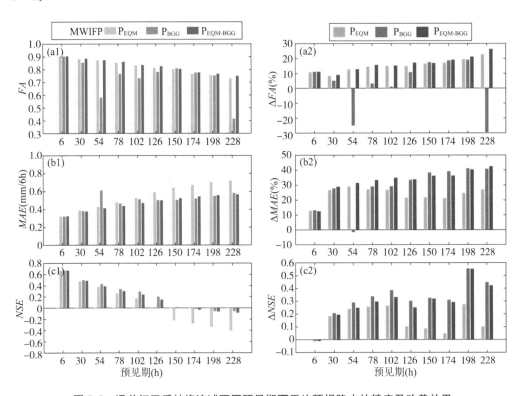

图 5.3　误差订正后蚌埠流域不同预见期面平均预报降水的精度及改善效果

对于连续型精度指标,3 种方法均能明显削减 MAE,增益达到了 10% 以上。前 5 天预见期内,P_{EQM} 与 P_{BGG} 压缩 MAE 的效益相差不大,随预见期延长,P_{BGG} 的精度明显更高。而 EQM-BGG 相较于 2 种单一方法能取得更好的订正效果,可使各预见期的 MAE 稳定保持在 0.6 mm/6 h 以下。P_{EQM},P_{BGG} 和 $P_{EQM\text{-}BGG}$ 提升 NSE 的效益随预见期延长逐渐显现,可使预见期 0~6 h 的 NSE 超过 0.6,预见期 24~30 h、48~64 h 的 NSE 接近或超过 0.4,但当预见期超过 6 d 后,3 种方法虽能改善 NSE,但难以有效将 NSE 提升到让人接受的水平。

对于子流域,以鲁台子流域为例,图 5.4 呈现了订正后面平均预报降水精度及改善效果。与蚌埠流域类似,EQM 和 BGG 在多数时段提高 FA 的同时降低了 MAE,并且 EQM-BGG 方法能够取得比单一方法更优或者接近最佳单一方法的效果。对于 NSE 指标,P_{EQM},P_{BGG} 和 $P_{EQM\text{-}BGG}$ 在第 1 天至第 6 天前 6 h 的 NSE 均大于 0,预见期超过第 7 天后,虽然 NSE 也得了明显改善,但其数值仅能够接近 0。

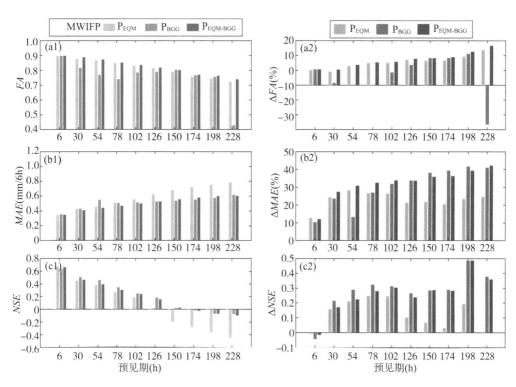

图 5.4 误差订正后鲁台子流域不同预见期面平均预报降水的精度及改善效果

由于预报误差具有时间非平稳性,误差订正的效果也可能随之变化。为此,针对 0~6 h 面平均预报降水,图 5.5 和图 5.6 呈现了蚌埠流域和鲁台子流域订正后预报降水的精度与增益在不同月份的表现。以 BB 流域为例,FA 指标整体呈现"V"形分布,3 种方法在4~9月的增益达到10%以上,FA 在 6—9 月介于 0.7~0.9 之间,其他月份达到 0.9 以上。$P_{EQM-BGG}$ 的增益在 8 月显著优于 P_{EQM} 和 P_{BGG},在其他月份相差不大。MAE 指标呈现倒"V"形分布,P_{EQM},P_{BGG} 和 $P_{EQM-BGG}$ 在 6—8 月降低 MAE 的效益超过 20%,并 且 P_{BGG} 和 $P_{EQM-BGG}$ 的作用更加明显,其他月份则表现为增大 MAE 的负面作用。NSE 指标随月份变化规律相对混乱,从订正效果来看,与 MAE 指标类似,同样在 6—8 月具有 积极改善作用,并且 P_{BGG} 和 $P_{EQM-BGG}$ 比 P_{EQM} 的增益更大。上述特征在鲁台子流域也有 类似表现。总体上,EQM-BGG 方法在保持了 MWIFP 枯水期预报精度高于汛期的特征 基础上,使 6—8 月 0~6 h 预见期内面平均预报降水的分类型和连续型精度得到了显著 改善,这对于提高预报降水在洪水预报中的可利用性具有积极意义。

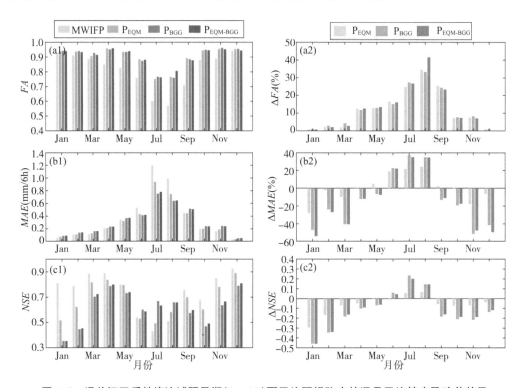

图 5.5 误差订正后蚌埠流域预见期(0~6 h)面平均预报降水的逐月平均精度及改善效果

5.3.2 栅格尺度预报降水误差订正效果

蚌埠流域 MWIFP 的预报精度空间分布见图 5.7。限于篇幅,此处仅呈现了第 1 天 至第 5 天且每天前 6 h 预见期预报降水的精度。对于预见期 0~6 h,MWIFP 的 FA 和 MAE 呈现西北部优于东南部,流域内所有栅格的 FA 在 0.7 以上,MAE 控制在 0.7 mm/h 以下,NSE 均大于 0 且大部分栅格高于 0.3。对于预见期 48~54 h,各栅格

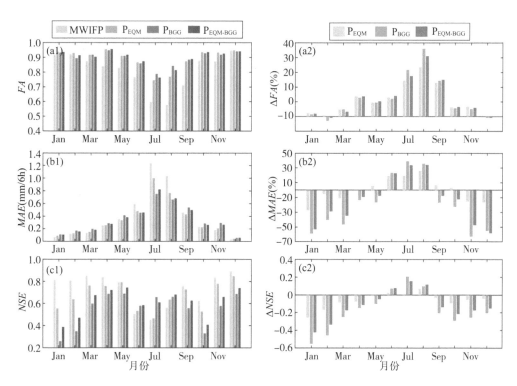

图 5.6   误差订正后鲁台子流域预见期(0～6 h)面平均预报降水的逐月平均精度及改善效果

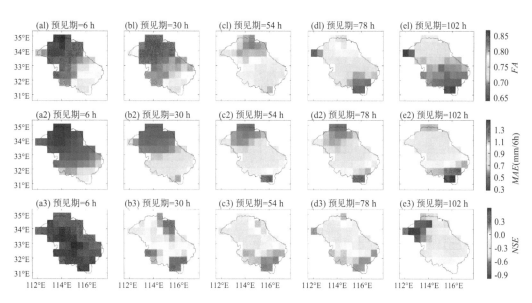

图 5.7   误差订正前蚌埠流域不同预见期栅格预报降水的精度指标空间分布

FA 有所减小，MAE 和 NSE 相对预见期 $0\sim6\,h$ 精度明显降低，南部的 MAE 超过 $1.0\,mm/6\,h$，流域大部分地区 NSE 均降至 0 附近。随着预见期的延长，低精度区呈现指标恶化和范围扩张的趋势，对于预见期 $96\sim102\,h$，各栅格 FA 介于 $0.6\sim0.7$ 之间，MAE 全部超过 $1.0\,mm/6\,h$，在南部达到 $1.3\,mm/6\,h$ 以上，而西北部 NSE 甚至低于 -1。

EQM-BGG 订正后预报降水 $P_{\text{EQM-BGG}}$ 的精度空间分布见图 5.8。各精度指标值虽同样呈现随预见期延长而趋于降低的态势，但指标值衰减速度及低精度区域扩大速度明显减缓。对于 FA，$P_{\text{EQM-BGG}}$ 整体优于 MWIFP，在预见期 $0\sim6\,h$ 和 $24\sim30\,h$，全域均达到 0.85 以上，预见期延长后，南部 FA 略低于北部，但仍然保持在 0.8 以上。$P_{\text{EQM-BGG}}$ 在各预见期时段内所有栅格的 MAE 均低于 $1.0\,mm/6\,h$，明显优于 MWIFP。北部区域的 MAE 甚至降低至 $0.5\,mm/6\,h$，特别是在第 2 天至第 5 天每天前 $6\,h$ 预见期内，能够基本保持 $0\sim6\,h$ 的水平。在 $0\sim6\,h$ 预见期内，$P_{\text{EQM-BGG}}$ 的 NSE 略低于 MWIFP，同时流域西南部出现部分孤立栅格的 NSE 明显降低，对于 $24\sim30\,h$ 预见期，多数栅格的 NSE 提升至 0.3 左右，随预见期进一步延长，EQM-BGG 的作用主要体现在将流域北部栅格的 NSE 由负数提升至 0 附近或大于 0。结合上述分析，$P_{\text{EQM-BGG}}$ 的预报精度较 MWIFP 整体提高，特别是距离初始时刻较远的预见期内，预报降水的可利用性明显改善。

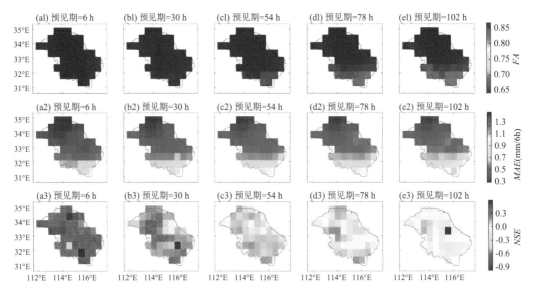

图 5.8　EQM-BGG 订正后蚌埠流域不同预见期栅格预报降水的精度指标空间分布

图 5.9～图 5.11 分别呈现了 P_{EQM}，P_{BGG} 和 $P_{\text{EQM-BGG}}$ 相对于 MWIFP 在不同预见期改善预报精度的效益。对于 FA，P_{EQM} 在各预见期内的改善效益高于 P_{BGG}，预见期超过 $3\,d$ 后，全域各栅格 FA 的相对提升幅度超过 10%，而 P_{BGG} 在第 2 天至第 5 天每天前 $6\,h$ 预见期内提高 FA 的作用相对有限，$P_{\text{EQM-BGG}}$ 提升 FA 效益的分布格局与 P_{EQM} 类似，即南

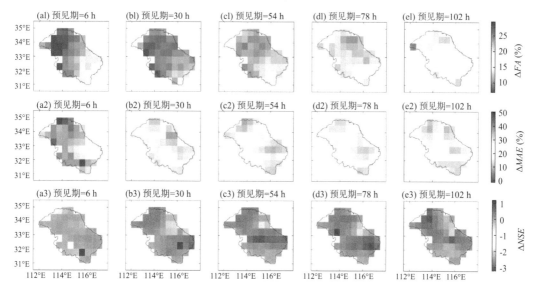

图 5.9　EQM 方法订正后蚌埠流域不同预见期栅格预报降水的精度改善效益

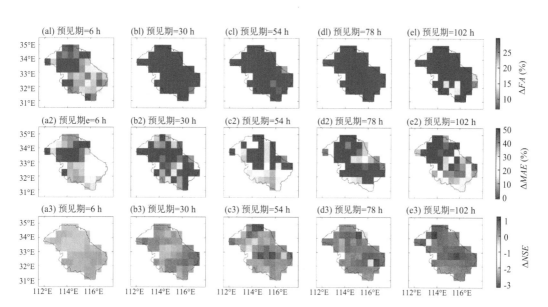

图 5.10　BGG 方法订正后蚌埠流域不同预见期栅格预报降水的精度改善效益

部高于北部,但对于预见期 $72\sim78\,\mathrm{h}$ 和 $96\sim102\,\mathrm{h}$,$\mathrm{P_{EQM\text{-}BGG}}$ 的增益明显高于 $\mathrm{P_{EQM}}$,可以推断随预见期延长,这种比较优势将更显明显。对于 MAE,同样表现出 $\mathrm{P_{EQM}}$ 的改善效益优于 $\mathrm{P_{BGG}}$。$\mathrm{P_{EQM\text{-}BGG}}$ 降低 MAE 效益的分布格局也与 $\mathrm{P_{EQM}}$ 类似,呈现北部高于南部的特征,并且随预见期延长,$\mathrm{P_{EQM\text{-}BGG}}$ 相对 $\mathrm{P_{EQM}}$ 的优势更加突出,对于预见期 $96\sim102\,\mathrm{h}$,流域北部 MAE 压缩幅度达到 40%。对于 NSE,$\mathrm{P_{EQM}}$,$\mathrm{P_{BGG}}$ 和 $\mathrm{P_{EQM\text{-}BGG}}$ 提高 NSE 百分比的

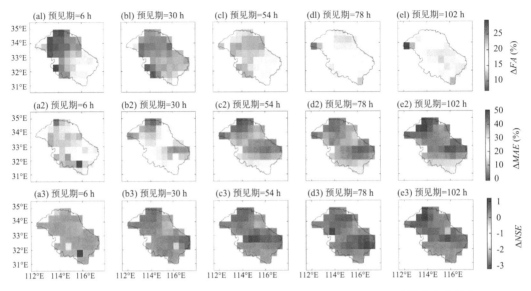

图 5.11　EQM-BGG 方法订正后蚌埠流域不同预见期栅格预报降水的精度改善效益

空间分布模式一致，排序为 $P_{EQM\text{-}BGG} > P_{BGG} > P_{EQM}$，受 P_{EQM} 的影响，$P_{EQM\text{-}BGG}$ 在部分孤立栅格位置处使 NSE 降低。综上所述，$P_{EQM\text{-}BGG}$ 集成了 P_{EQM} 和 P_{BGG} 的优势，并且随预见期延长能够取得比单一方法更高的预报精度。

5.3.3　预报降水有效预见期延长效果

　　结合蚌埠流域原始和采用 EQM-BGG 方法订正后预报降水的精度指标，设定 FA_s、MAE_s 和 NSE_s 分别为 0.9，$0.5\ \mathrm{mm/6\ h}$ 和 0.6。根据式(5-18)可知，当预报降水的各精度指标达到或超过理想值时，$Score \geqslant 1.0$。然而，从订正前和订正后精度指标看，仅有较短预见期和部分栅格的 $Score$ 高于 1，随着预见期延长，精度不可避免趋于降低。本书采用 $Score = 0.7$ 作为预报降水有效预见期的衡量阈值，可以理解为当 3 个指标值取理想值的 70% 时(即 $FA = 0.63$，$MAE = 0.71\ \mathrm{mm/6\ h}$，$NSE = 0.42$)，预报降水精度是可以接受的。需要注意的是，这仅是其中 1 种组合，其他组合也可能满足要求。

　　根据有效预见期判别阈值，计算了蚌埠流域及 8 个子流域面平均预报降水各预见期时段的 $Score$ 值，并分析了订正前与订正后有效预见期的延长情况，结果见图 5.12。由图可知，蚌埠流域及子流域的 $P_{EQM\text{-}BGG}$ 综合精度 $Score$ 呈现出日内周期性变化，在多数预见期时段优于 MWIFP，随预见期延长 $Score$ 下降速度明显减缓，$Score$ 的提升幅度随预见期延长趋于增大。对于蚌埠流域，$P_{EQM\text{-}BGG}$ 的有效预见期达到了 102 h，而 MWIFP 的有效预见期仅为 90 h，延长了 12 h；对于子流域，EQM-BGG 具有较好的提高综合精度的能力，订正前各子流域的有效预见期介于 6～48 h 之间，除大坡岭流域外，其他子流域延

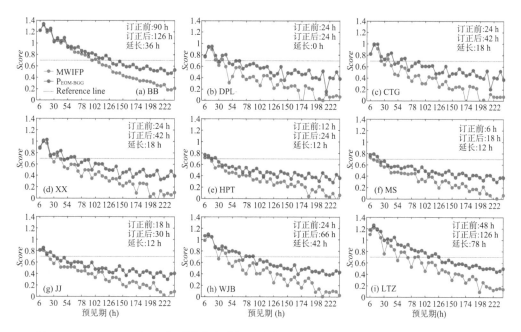

图 5.12　EQM-BGG 订正前后蚌埠流域与子流域面平均预报降水的有效预见期及延长效果

长幅度介于 12～78 h,其中王家坝流域和鲁台子流域的有效预见期可分别达到 66 h 和
126 h。图 5.13 给出了蚌埠流域各栅格预报降水订正前和订正后有效预见期及延长效
果。由图可知,预报降水误差订正前,流域多数栅格的有效预见期不及 1 d,东南部栅格
仅为 6 h。经过 EQM-BGG 订正后,流域北部的部分栅格有效预见期提升至 36 h 以上;从
延长有效预见期分布图来看,误差订正使西北部分栅格延长幅度介于 18～54 h,南部和
东部的部分栅格也得以延长。因此,无论从流域面平均尺度和栅格尺度看,EQM-BGG
对于延长预报降水的有效预见期具有积极影响。

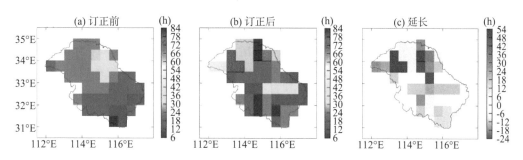

图 5.13　EQM-BGG 订正前后蚌埠流域栅格预报降水的有效预见期及延长效果

5.3.4 可能原因分析

数值预报降水与观测降水耦合共同驱动水文模型是延长水文预报预见期的重要途径[16]。提高预报降水的时空精度对于获得更长预见期内更高精度的径流预报结果十分有益[146]。本书提出了耦合 EQM 和 BGG 预报降水统计后处理方法，开展蚌埠流域 MWIFP 误差订正试验。对于分类型精度指标 FA，无论流域面平均尺度还是栅格尺度，EQM 改善作用均大于 BGG，EQM-BGG 的表现超过了 EQM。对于连续型精度指标 MAE，在流域面平均尺度，BGG 优于 EQM，而细化到栅格尺度后，表现则相反，无论何种空间尺度，EQM-BGG 降低 MAE 的作用最大。对于连续型指标 NSE，BGG 在 2 种尺度上均比 EQM 具有更高的提升作用，EQM-BGG 在面平均尺度上略低于 BGG，而在栅格尺度上则表现最佳。此外，误差订正后 3 个指标的增益呈现时空非平稳性，随预见期延长增益更大，6—8 月提升精度更高，南部 FA 与北部 MAE 的增益大于其他区域。

结合 3 种方法的订正原理解释上述现象的可能原因。EQM 方法不同于 BGG，它没有建立同时段观测与预报降水的连接关系[147]，按照经验频率排序后，观测降水 CDF 中大量零值集中在曲线最左侧，预报降水通常存在小雨误报的问题，匹配二者的 CDF 后，可将预报降水中误报值修正为 0，从而体现出较强的提升分类精度的性能。但流域面平均降水中，由于算数平均的处理过程，使零值的数量减小，EQM 的作用可能会有所减弱。BGG 方法通过挖掘大量观测-预报点对数据中的规律，推导了给定预报降水条件下的观测降水条件概率分布，订正结果与预报降水量大小、变换后观测与预报降水的相关系数有关。对于误报降水，考虑到相关系数通常不等于 0，则误报现象的订正能力相对有限，甚至部分预见期时段使 FA 降低，相应的这也增大了压缩 MAE 的难度。但需要注意的是，建立的观测与预报的联合概率分布，可使命中事件的预报值更加贴近观测值，从而对于 NSE 具有一定的提升作用。EQM-BGG 耦合方法中第一阶段利用 EQM 提高 FA 和降低 MAE 的优势，第二阶段利用 BGG 的优势，并且整体上能够取得比单一方法更好的效果，这与观测和预报降水在各预见期相关系数的提高关系密切[148]。图 5.14 清晰展示了 EQM 订正后的数据与观测降水的相关系数明显高于原始预报降水，并且随预见期延长，相关系数衰减幅度更小，这对于提升 NSE 是有利的。但需要注意的是，由于 EQM 未关联观测和预报降水，提高 FA 和降低 MAE 的同时，可能会影响部分孤立栅格预报与观测降水的同步性，使得 NSE 明显减小。关于精度指标增益的非平稳性主要与原始数据的精度有关，原始数据精度越低，EQM-BGG 的增益一般越大。

数值模式预报降水的有效预报时长通常以 Anomaly Correlation Coefficient（ACC）

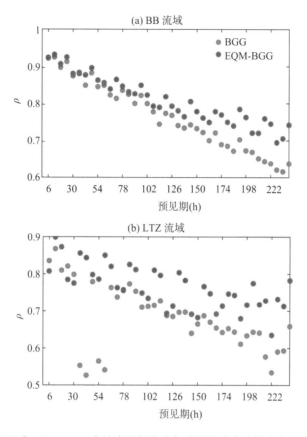

图 5.14　BGG 和 EQM-BGG 方法中预报降水与观测降水在变换空间下的相关系数

超过 0.6 为判断准则[149-150]。ACC 仅能分析预报和观测的异常是否存在线性相关关系[151]，考虑的维度单一，未能衡量预报相对观测偏差的大小，也未包含分类预报性能。本书对此做了初步探索，考虑分类型和连续型精度指标，借鉴理想点的思路，构建的综合精度评分公式丰富了指标评价性能，基于此证实了 EQM-BGG 方法在延长预报降水有效预见期方面的作用。该指标仅可用于确定性预报降水或集合平均预报降水，还可继续扩充其他精度指标，各指标的理想值需要综合考虑预报降水的精度及面向的目标等因素确定。

　　本书重点关注了集合平均预报降水的统计后处理问题。相比于单值预报降水，集合预报降水因为初始状态和参数等因子的扰动可以提供丰富的不确定性信息，特别是降水发生的概率和降水量区间，基于这些信息驱动水文预报，可生成径流概率预报信息，对于洪涝灾害预警和防御具有实用价值。然而，集合预报降水具有 5 个维度，分别为预报作业时间、集合成员序号、预见期、经度和纬度[152]，高维度增加了统计后处理的难度，并且预报降水通常存在偏差和集合离散度，特别是将集合离散度控制在合适的区间具有挑战性。发展面向集合预报降水统计后处理方法是未来重要的研究方向。

5.5 小结

本章提出了基于 EQM-BGG 的数值预报降水统计后处理方法,开展了蚌埠流域 2008—2016 年 TIGGE 数据库的多模式集合平均预报降水订正试验,分析了较 EQM 与 BGG 两种单一方法的优势,评价了所提方法在提高分类和定量精度及延长有效预见期方面的效果。主要结论如下:

(1) EQM-BGG 方法吸纳了 EQM 提高分类精度和 BGG 压缩定量误差的优势,对蚌埠流域面平均与栅格预报降水的误差起到了较好的订正作用,精度指标提升效果总体优于单一方法。

(2) 对于面平均预报降水,EQM-BGG 订正后各预见期 FA 和 MAE 增益均超过了 10%,当预见期达到 222~228 h,FA 仍能稳定在 0.7 以上、MAE 压缩在 0.6 mm/6 h 以下。在 6—8 月预见期 0~6 h 面平均预报降水的分类与定量精度改善最为显著。在栅格尺度上,订正增益随预见期延长逐渐放大,对于预见期 96~102 h 所有栅格的 FA 均提升至 0.8 以上,FA 增益超过 10%;北部栅格 MAE 降至 0.5 mm/6 h 以下,MAE 增益超过 40%。

(3) EQM-BGG 具有减缓预报水综合精度随预见期延长衰减速度的作用。除大坡岭子流域外,订正后蚌埠流域和子流域面平均预报降水有效预见期延长了 12~78 h。栅格尺度上,流域西北部分栅格延长幅度介于 18~54 h。

第 6 章

基于多源融合降水与订正后
预报降水的水文预报应用

6.1　概述

水文预报追求高精度与长预见期。在预报精度方面,传统基于离散雨量站观测降水的预报方式,降水输入存在较大的空间分布误差及不确定性是水文预报误差的主要来源,削减降水输入误差是提高洪水预报精度的主要途径之一;在延长预见期方面,传统基于落地雨的预报方式,预见期主要取决于流域汇流时间,将数值预报降水与水文模型耦合是延长预见期的重要方式。前文分别采用多源降水信息融合、预报降水信息误差订正的方式提高降水估计精度、延长预报降水有效预见期,已从统计角度认识了降水数据质量的改善效益。而经过校正后的降水信息在水文预报中表现如何值得深入探讨。

本章在建立重点水文站预报模型的基础上,基于融合降水和预报降水数据,开展日径流和场次洪水预报试验,通过与传统预报的比较,分析融合降水对于提升日径流预报精度及耦合预报降水延长洪水预报有效预见期的效益,以水文预报应用的增益完善对降水融合与预报降水误差订正有效性的认识。

6.2　水文预报模型构建与验证

6.2.1　日径流模型

6.2.1.1　数据预处理

(1) 基础地理信息。基于 SRTM V4.1 30 分辨率的蚌埠流域 DEM 数据,重采样得到 0.05°×0.05°分辨率的 DEM 数据。利用 ArcGIS 中的 Hydrology 模块提取了流向、汇流累积量及河网数据,作为地理背景场数据。

(2) 降水数据。基于蚌埠流域 759 个雨量站点的观测降水,采用 DGWR(XY)模型插值生成 0.05°×0.05°的栅格降水数据集作为分布式水文模型数据,栅格降水进一步计算为面平均降水作为集总式水文模型数据。

(3) 蒸发数据。基于蚌埠流域 20 个气象站风速、温度、相对湿度、日照时数等要素数据,利用彭曼公式计算站点潜在蒸散发,进而采用 IDW 法插值 0.05°×0.05°栅格潜在蒸散发数据作为分布式水文模型数据,栅格潜在蒸散发进一步计算为面平均蒸散发作为集总式水文模型数据。

(4) 径流数据。息县、王家坝、鲁台子和蚌埠闸逐日径流数据。

6.2.1.2　新安江模型

新安江模型是中国著名水文学家赵人俊教授在 20 世纪 70 年代基于蓄满产流理论

提出的概念性降雨产流模型。该模型最初研制仅有 2 种水源（即地面径流和地下径流）。20 世纪 80 年代中期，在借鉴山坡水文学理论的基础上不断完善为考虑 3 种水源（即地表径流、壤中流和地下径流）的模型。目前，新安江模型已经广泛应用于中国南方湿润地区水库的洪水预报软件中。三水源新安江模型（XAJ3）要求输入时段降水量和蒸发能力，输出为预报流量和土壤含水量等中间状态变量，模型由蒸散发计算、产流计算、水源计算、水源划分和汇流计算 4 部分组成，模型结构如图 6.1 所示。XAJ3 的蒸散发计算采用三层蒸发模型；产流计算采用蓄满产流模型；用自由水蓄水库结构将总径流划分为地表径流、壤中流和地下径流；流域汇流采用 Nash 单位线法计算。

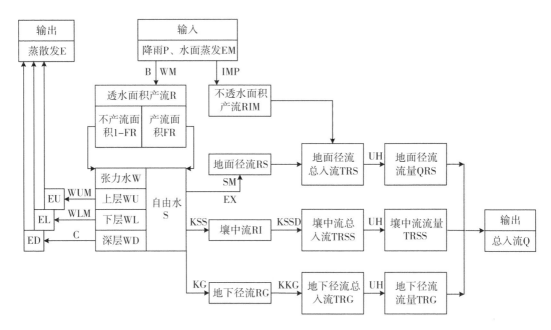

图 6.1 三水源新安江（XAJ3）模型结构

XAJ3 模型构建需要对径流资料划分预热期、率定期和验证期，综合各站点资料年限与丰枯代表性确定，结果如表 6.1 所示。

表 6.1 XAJ3 日径流模型预热期、率定期和验证期划分结果

站点	预热期	率定期	验证期
息县	2006 年	2007—2012 年	2013—2016 年
王家坝	2006 年	2007—2012 年	2013—2016 年
鲁台子	2006 年	2007—2012 年	2013—2016 年
蚌埠闸	2006 年	2007—2012 年	2013—2016 年

XAJ3 模型有上、下层张力水容量等 15 个参数需要率定。参数率定以径流总量相对

误差(RE)绝对值与纳什效率系数(NSE)之差最小为目标函数,采用 SCE-UA 算法优选。

$$\min F = \mid RE \mid - NSE \tag{6-1}$$

其中:

$$RE = (\sum_{t=1}^{T} Q_t^o - \sum_{t=1}^{T} Q_t^s) / \sum_{t=1}^{T} Q_t^o \tag{6-2}$$

$$NSE = 1 - \sum_{t=1}^{T} (Q_t^s - Q_t^o)^2 / \sum_{t=1}^{T} (Q_t^o - \overline{Q^o})^2 \tag{6-3}$$

式中,Q_t^o 为第 t 时段实测流量;$\overline{Q^o}$ 为实测流量平均值;T 为实测流量总时段数;Q_t^s 为第 t 时段模拟流量。

表 6.2 给出了蚌埠流域新安江日径流模型参数及率定期、验证期的精度指标。率定期各站日径流的 NSE 介于 0.88~0.92,RE 介于 −11.6%~1.6%,模拟径流总体良好,模拟值与实测值的时程同步性较高,CC 介于 0.94~0.96,$\mid MRE_p \mid$ 介于 12.7%~21.8%。验证期各站点日径流的 NSE 均有所下降,CC 仍保持在 0.81 以上。

表 6.2 蚌埠流域 XAJ3 日径流模型参数

模型参数	息县	王家坝	鲁台子	蚌埠闸
流域平均张力水容量	136.93	160.00	133.02	137.25
上层张力水容量	8.65	14.96	10.61	0.00
下层张力水容量	55.09	159.98	97.82	60.72
流域蓄水容量分布曲线指数	0.34	0.51	0.60	0.15
蒸散发能力折算系数	0.84	1.00	0.89	0.69
深层蒸散发扩散系数	0.03	0.20	0.20	0.13
不透水面积比例	0.00	0.00	0.02	0.02
自由水容量	45.69	7.61	45.29	60.00
流域自由水容量分布曲线指数	1.28	1.33	1.43	1.33
壤中流出流系数	0.12	0.33	0.40	0.40
地下水出流系数	0.58	0.37	0.30	0.30
壤中流消退系数	0.99	0.95	0.96	0.96
地下水消退系数	0.89	0.99	1.00	0.96
线性水库个数	5.00	2.64	3.19	2.62
蒸散发折算系数	0.33	1.56	2.30	3.31

模型参数			息县	王家坝	鲁台子	蚌埠闸
率定与验证精度	率定期	NSE	0.88	0.92	0.91	0.89
		RE(%)	−3.0	−11.6	−1.9	1.6
		CC	0.94	0.96	0.96	0.94
		$\lvert MRE_p \rvert$(%)	21.8	20.9	12.7	16.9
	验证期	NSE	0.60	0.63	0.63	0.67
		RE(%)	17.8	23.6	15.9	14.0
		CC	0.85	0.87	0.81	0.84
		$\lvert MRE_p \rvert$(%)	45.6	57.4	20.5	12.7

图 6.2 给出了基于 XAJ3 的蚌埠流域 4 个站点日径流模拟结果。蚌埠流域 2007 年经历了 1954 年以来的最大洪水,位于率定期内,4 个站点峰值流量均出现不同程度的高估,在上游息县站、王家坝站表现最为明显,下游的蚌埠闸站高估的幅度较小。总体来看,虽然峰值流量出现了不同程度的高估,但这种高估对整体的影响并不大,不会影响后文对比分析降水融合数据与地面站点插值降水对日径流预报精度的结果,满足后续需求。

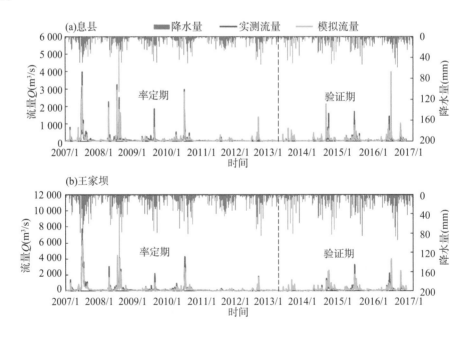

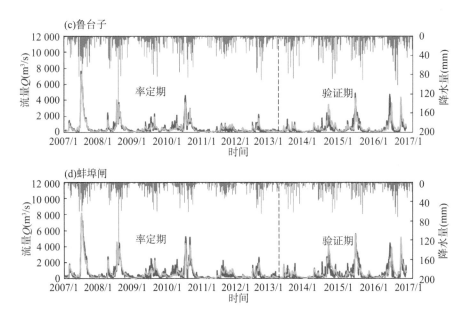

图 6.2　基于 XAJ3 的蚌埠流域日径流模拟结果

6.2.1.3　CREST 模型

CREST(The Coupled Routing and Excess Storage)模型是由俄克拉荷马大学和 NASA 服务项目团队开发的一个具有物理机制的分布式水文模型,在规则网格上模拟水和能量流动、存储的时空变异性[153]。图 6.3 为 CREST 模型的核心组成部分:降雨产流、蒸散发、子网格单元汇流、河道汇流以及网格单元水量平衡。图 6.3(a)中一个单元格的垂直剖面包括了 4 个储水库,分别代表了植被冠层储水和地下 3 层土壤蓄水层。另外,2

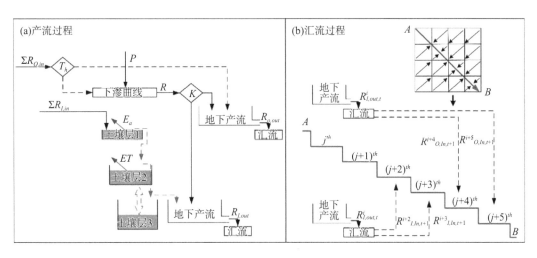

图 6.3　CREST 模型产汇流原理概化图

个线性水库分别用来模拟子网格地表和地下汇流。在每个网格单元中,采用可变的下渗曲线将降水分为径流和下渗。图 6.3(b)展示了地表水流运动及沿河道的汇流运动方向,呈现了网格单元上地表径流与地下径流的具体汇流机理。

CREST 模型构建需要对径流资料划分预热期、率定期和验证期,综合各站点资料年限与丰枯代表性确定,结果如表 6.3 所示。

表 6.3　CREST 日径流模型预热期、率定期和验证期划分结果

站点	预热期	率定期	验证期
息县	2006 年	2007—2012 年	2013—2016 年
王家坝	2006 年	2007—2012 年	2013—2016 年
鲁台子	2006 年	2007—2012 年	2013—2016 年
蚌埠闸	2006 年	2007—2012 年	2013—2016 年

表 6.4 给出了蚌埠流域 CREST 日径流模型参数及率定期、验证期的精度指标。率定期各站日径流的 NSE 介于 $0.85 \sim 0.94$,RE 介于 $-2\% \sim 25.8\%$,模拟径流总体偏高,模拟值与实测值的时程同步性较高,CC 介于 $0.93 \sim 0.97$,$|MRE_p|$ 介于 $0.2\% \sim 21.3\%$。验证期各站点日径流的 NSE 均有所下降,除息县站 RE、$|MRE_p|$ 略有降低外,其余站点表现为相反的变化特征,CC 仍保持在 0.85 以上。

表 6.4　蚌埠流域 CREST 日径流模型参数

模型参数	息县	王家坝	鲁台子	蚌埠闸
降水折算因子	0.95	1.5	1.6	1.14
土壤饱和导水率	1 513	1 264	457.64	1 137.3
平均蓄水容量	118.15	235.07	265.66	419.92
下渗容量曲线指数	0.73	0.4	0.4	0.49
不透水率	0.01	0.01	0.05	0.02
蒸发能力折算系数	1.99	2.58	2.03	1.34
地表汇流速度系数	214.49	72.36	129.25	126.25
地表流速指数	0.64	0.56	0.49	0.48
河道汇流速度系数	1.54	2.72	1.29	2.63
地下汇流速度系数	0.35	0.06	0.19	0.51
地表汇流水库出流系数	1.14	0.96	0.44	0.3
地下汇流水库出流系数	0.31	0.33	0.07	0.08

模型参数			息县	王家坝	鲁台子	蚌埠闸
率定与验证精度	率定期	NSE	0.85	0.94	0.89	0.88
		$RE(\%)$	25.8	12.9	3.3	−2.0
		CC	0.93	0.97	0.95	0.94
		$|MRE_p|(\%)$	21.3	11.7	3.5	0.2
	验证期	NSE	0.67	0.61	0.69	0.77
		$RE(\%)$	11.6	−26.1	−40.8	−25.0
		CC	0.85	0.93	0.93	0.90
		$|MRE_p|(\%)$	6.3	−45.4	−19.6	−0.8

图 6.4 给出了基于 CREST 模型的蚌埠流域 4 个站点日径流模拟结果。在率定期模拟值与实测值的对应关系相对较好,峰现时间一致性较高;除息县站外,3 个站点峰值流量率定期均出现低估、验证期均出现高估现象,分析降雨数据,率定期降水量大于验证期降水量,模型在率定参数时倾向高降水,当面对验证期低降水时,出现明显的低估。然而,这种低估对整体的影响并不大,不会影响后文对比分析降水融合数据与地面站点插值降水对日径流预报精度的结果,满足后续需求。

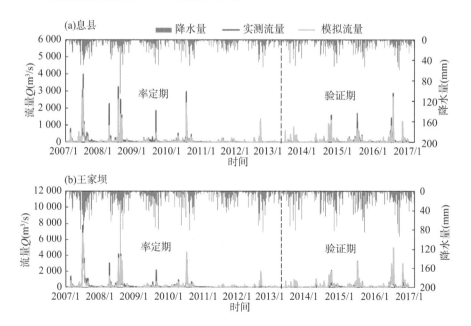

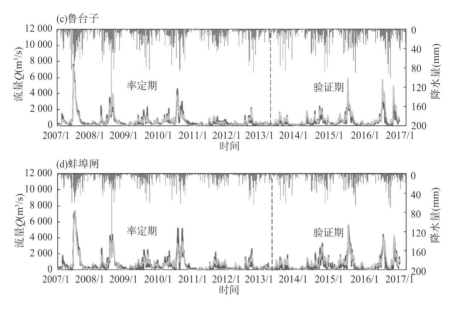

图 6.4　基于 CREST 模型的蚌埠流域日径流模拟结果

6.2.2　场次洪水预报模型

6.2.2.1　模型与数据预处理

场次洪水预报模型主要用于分析耦合数值预报降水信息对于延长洪水预报有效预见期的效益。目前,预报降水对于降水时空分布的动态预报能力还有明显不足,EQM-BGG 订正方法主要用于面平均和栅格尺度降水时间序列的精度提升;此外,面平均预报降水的总体精度一般高于栅格降水。因此,为充分发挥预报降水的作用,减少降水时空演变误差对于洪水预报的影响,本章基于面平均预报降水开展场次洪水预报应用研究。洪水预报模型采用适用于南方湿润地区的集总式三水源新安江模型(XAJ3),研究站点为白河站,时间分辨率为 6 h。

(1)降水数据。利用第 4 章中 MDGTWR(XY)模型融合雨量站观测与 MSWEP V2.2 得到的 $0.05° \times 0.05°$ 日降水数据集,根据 MSWEP V2.2 的日内分配比例,将融合日降水分解至 6 h 分辨率(UTC 时间)并计算算数平均值,得到 20:00—2:00、2:00—8:00、8:00—14:00 和 14:00—20:00 共 4 个时段的 6 h 面平均降水。

(2)潜在蒸散发数据。基于日径流模型构建过程中生成的 $0.05° \times 0.05°$ 日潜在蒸散发数据,按照平均分割的方式得到与降水同步的 4 个时段 6 h 栅格潜在蒸散发数据。

(3)径流数据。对于白河站 2007—2016 年 14 场洪水资料,以洪水发生的第一天日期作为洪水编号,采用样条插值方法获得 2:00、8:00、14:00 和 20:00 共 4 个时刻的流量数据。

6.2.2.2 参数率定与验证

为使率定期、验证期洪水样本更具代表性,综合洪水涨洪历时、洪峰洪量、洪水总量、单峰/多峰等特征,选择 9 场洪水作为率定样本,5 场洪水作为验证样本(表 6.5)。率定样本洪峰介于 1 836～20 600 m³/s,验证样本洪峰介于 2 543～21 500 m³/s,均有大、中、小型单峰和多峰等场次洪水。

表 6.5　洪水预报模型构建率定与验证样本划分结果

率定样本/验证样本	洪水编号	涨洪历时(h)	洪峰洪量(m³/s)	洪水总量(亿 m³)	单峰/多峰
率定样本	20070705	54	11 000	30.07	多峰
	20070718	66	8 060	14.09	单峰
	20090514	36	3 630	9.70	单峰
	20090828	30	5 190	9.02	单峰
	20100906	120	6 317	19.37	多峰
	20110706	27	7 479	9.20	单峰
	20110729	165	12 000	40.93	多峰
	20110911	189	20 600	88.76	多峰
	20160713	45	1 836	10.59	多峰
验证样本	20080719	102	2 543	7.73	单峰
	20090731	138	4 930	15.18	单峰
	20100716	75	21 500	72.12	多峰
	20120828	285	8 850	32.41	多峰
	20150622	201	6 350	26.86	多峰

为较准确获得洪水初始在土壤中含水量状态,本研究基于 2007—2016 年日径流数据,自动优选了白河站 XAJ3 日径流模型参数,从径流模拟结果中提取了各场洪水的初始土壤状态参数。XAJ3 模型有 15 个参数,参数率定以 9 场洪水平均精度作为目标函数,采用 SCE-UA 算法优选,率定结果见表 6.6。

表 6.6　白河站 XAJ3 洪水预报模型参数率定结果

模型参数	结果	模型参数	结果
流域平均张力水容量(WM)	131.09	自由水容量分布曲线指数(EX)	1.46
上层张力水容量(WUM)	29.89	壤中流出流系数(KI)	0.36
下层张力水容量(WLM)	84.88	地下水出流系数(KG)	0.34
流域蓄水容量分布曲线指数(B)	0.33	壤中流消退系数(CI)	0.98

续表

模型参数	结果	模型参数	结果
蒸散发能力折算系数(KC)	0.21	地下水消退系数(CG)	1.00
深层蒸散发扩散系数(C)	0.04	线性水库个数(N)	5.00
不透水面积比例(IM)	0.01	蒸散发折算系数(K)	1.12
自由水容量(SM)	17.86		

采用洪峰相对误差(RE_p)、峰现时间误差(DT)、洪量相对误差(RE)和 NSE 4 个指标评价白河站 XAJ3 模型的预报效果,结果如表 6.7 所示。由表可知,对于率定洪水样本,除 20070718、20090828 和 20110729 号洪水外,其他场次洪水洪峰相对误差均未超过 $\pm 20\%$;峰现时间误差介于 $-12 \sim 12$ h;洪量相对误差除 20110706 号外均低于 $\pm 10\%$;NSE 介于 $0.62 \sim 0.84$,其中 4 场洪水达到 0.7 以上。对于验证洪水样本,DT 介于 $-24 \sim 6$ h,RE 小于 $\pm 10\%$,NSE 较率定样本有所下降,介于 $0.58 \sim 0.70$。从 NSE 角度看,14 场洪水均达到 0.5 以上;从预报合格率角度看,9 场洪水误差在许可误差范围内,合格率为 64%。图 6.5、图 6.6 给出了基于 XAJ3 模型的率定与验证样本预报结果,总体与实测洪水时程同步性较好。总体上,建立的白河站场次洪水预报模型精度满足耦合预报降水的洪水预报试验需求。

表 6.7　白河站 XAJ3 洪水预报模型精度指标

洪水分配	洪水编号	$RE_p(\%)$	DT(h)	$RE(\%)$	NSE
率定样本	20070705	−19.9	−6	5.2	0.67
	20070718	−36.8	−6	0.4	0.65
	20090514	−6.5	6	−3.0	0.84
	20090828	−25.4	6	−1.2	0.73
	20100906	−9.8	−12	9.0	0.83
	20110706	−17.9	0	14.9	0.62
	20110729	−27.2	6	−3.8	0.65
	20110911	−19.6	12	−5.6	0.77
	20160713	5.6	12	−2.7	0.66
验证样本	20080719	−19.9	6	−0.8	0.58
	20090731	−4.4	−24	8.0	0.70
	20100716	−43.6	6	−2.9	0.67
	20120828	−31.7	6	−8.6	0.58
	20150622	−13.2	−6	−4.2	0.64

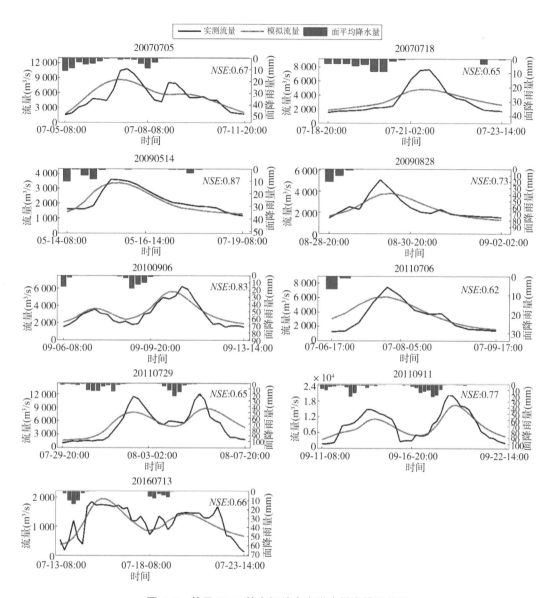

图 6.5　基于 XAJ3 的白河站率定洪水样本模拟结果

6.3　基于融合降水的日径流预报及增益

6.3.1　预报方案与增益评价方法

根据前文所述降水融合方案,采用考虑有雨无雨的 MDGTWR(XY)模型对地面站点逐日降水量与 MSWEP V2.2 进行融合,得到蚌埠流域 0.05°×0.05°融合日降水数据

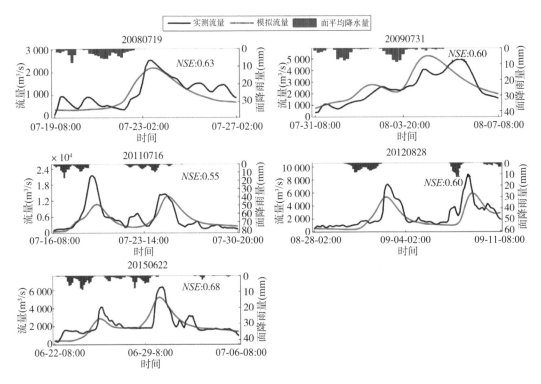

图 6.6 基于 XAJ3 的白河站验证洪水样本模拟结果

集,开展 2007—2016 年日径流预报应用。采用考虑有雨无雨的 DGTWR(XY)方法将站点观测降水展布得到与 MDGTWR 降水融合数据同时空分辨率的插值降水数据。为分析降水融合数据在日径流预报中对于预报精度的改善作用,分别以插值降水、MSWEP V2.2 和降水融合数据共 3 套数据驱动蚌埠流域 XAJ3 日径流模型、CREST 日径流模型,在 2007 年采用建模所用的插值降水数据,以保证各数据集预报的初始状态保持一致,输出各个水文站的 2008—2016 年逐日径流预报结果。进而分别以插值降水和 MSWEP V2.2 的预报径流为基准,全面分析降水融合数据对提高日径流预报精度的增益(图 6.7)。

预报径流精度采用径流过程整体精度指标和单值精度指标进行评价。整体精度指标包括纳什系数(NSE)、径流总量相对误差(RE)和相关系数(CC),单值精度指标包括各年份最大日径流绝对相对误差平均值($|\overline{MRE_p}|$)和逐日径流误差(E)。NSE 和 CC 为正向型指标,RE 和 E 为中间值最优型指标,$|\overline{MRE_p}|$ 为逆向型指标,根据各指标特性,给出增益计算公式,如式(6-4)~式(6-8)。特别需要说明的是,逐日径流误差 E 的增益,取 2008—2016 年内相同次序增益的平均值,以便分析增益的时程变化规律。

$$Gains\text{-}NSE = (NSE_M - NSE_B)/NSE_B \times 100 \qquad (6\text{-}4)$$

$$Gains\text{-}RE = (|RE_B| - |RE_M|)/|RE_B| \times 100 \qquad (6\text{-}5)$$

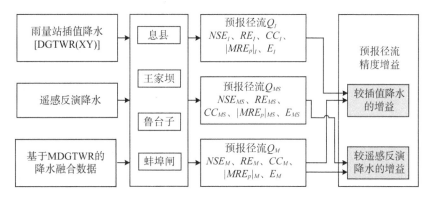

图 6.7　基于多源融合降水数据的日径流预报方案

$$Gains\text{-}CC = (CC_M - CC_B)/CC_M \times 100 \tag{6-6}$$

$$Gains\text{-}|MRE_p| = (|MRE_p|_B - |MRE_p|_M)/|MRE_p|_B \times 100 \tag{6-7}$$

$$Gains\text{-}E_i = \frac{1}{Y}\sum_{y=1}^{Y}|E_{B,i,y}| - |E_{M,i,y}| \tag{6-8}$$

式中,下标 M 表示降水融合值,B 表示基准降水,包括插值降水或 MSWEP V2.2;i 表示年内第 i 天,y 表示第 y 年。

6.3.2　日径流预报精度增益

(1) 降水融合数据驱动 XAJ3 模型的日径流预报精度增益

表 6.8 给出了 3 套降水数据驱动蚌埠流域 XAJ3 模型的日径流预报精度,并分析降水融合数据较插值降水与 MSWEP V2.2 的增益。由表可知,对于径流过程整体精度指标,基于降水融合数据驱动的息县站预报径流 NSE 略有减小,RE 优于插值降水与 MSWEP V2.2,CC 达到 0.90,王家坝、鲁台子和蚌埠闸站 RE 均小于插值降水与 MSWEP V2.2 的最优值,NSE 和 CC 均为 3 套数据中最高值。单值径流精度指标方面,息县站$|MRE_p|$为 3 套数据中的最小值,其余站点$|MRE_p|$均介于 2 种基准数据之间,但接近 MSWEP V2.2。综合来看,基于降水融合数据的日径流预报综合精度较插值降水和 MSWEP V2.2 有所提高。

在降水融合数据驱动日径流预报精度的增益方面,较插值降水而言,息县站 NSE 略有减小,其余站点 NSE 的增益介于 1.8%～5.2%;各站点 RE 均得到了明显削减,增益介于 56.1%～65.7%;关于 CC,息县站提升了 6.9%,其余站点 CC 改善效果相对较小;王家坝站$|MRE_p|$略有增加,另外 3 站压缩幅度均超过了 10%。较 MSWEP V2.2 降水而言,RE 的增益最显著,介于 30.8%～53.5%;CC 与 NSE 的变化幅度较小;息县与王

家坝站$|MRE_p|$有所减小,而鲁台子和蚌埠闸站呈负增益。

表 6.8　不同降水驱动蚌埠流域 XAJ3 模型的日径流预报精度及降水融合数据的增益

水文站	精度指标	插值降水	MSWEP V2.2	降水融合数据	降水融合数据相对插值降水增益(%)	降水融合数据相对 MSWEP V2.2 增益(%)
息县	NSE	0.70	0.72	0.66	−5.3	−7.8
	$RE(\%)$	33.8	28.1	14.8	56.1	47.3
	CC	0.85	0.90	0.90	6.9	−0.3
	$|MRE_p|(\%)$	45.9	37.0	33.3	27.5	10.2
王家坝	NSE	0.84	0.86	0.87	2.9	1.1
	$RE(\%)$	28.4	21.0	9.7	65.7	53.5
	CC	0.94	0.96	0.95	0.8	0.5
	$|MRE_p|(\%)$	28.8	32.8	30.3	−5.4	7.6
鲁台子	NSE	0.78	0.81	0.82	5.2	1.8
	$RE(\%)$	15.1	9.3	−5.3	65.1	43.2
	CC	0.92	0.92	0.92	0.5	0.0
	$|MRE_p|(\%)$	18.3	14.0	15.9	13.2	−13.5
蚌埠闸	NSE	0.79	0.80	0.80	1.8	0.5
	$RE(\%)$	15.0	9.5	−6.6	56.1	30.8
	CC	0.91	0.92	0.92	0.5	0.2
	$|MRE_p|(\%)$	23.8	16.7	20.2	15.2	−20.5

图 6.8 给出了蚌埠流域基于 XAJ3 模型的径流误差增益 $Gains\text{-}E$ 的时程分布。图中每条柱为 9 年同一日期径流误差平均改善值。较插值降水而言,降水融合数据驱动的预报径流大幅度低估了 2015 年 7 月日径流,导致各站点 7 月呈现明显的负增益,而对 2011 和 2014 年 10—11 月日径流高估误差明显缩小,呈现显著的正增益,这与降水融合方法考虑了有雨无雨空间分布使降水误报误差大幅度降低有关。降水融合数据较 MSWEP V2.2 的日径流预报增益时程分布与插值降水类似。

(2) 降水融合数据驱动 CREST 模型的日径流预报精度增益

表 6.9 给出了 3 套降水数据驱动的蚌埠流域基于 CREST 模型的各水文站日径流预报精度,并分析降水融合数据较插值降水与 MSWEP V2.2 的增益。由表可知,对于径流过程整体精度指标,基于降水融合数据驱动的息县站预报径流 NSE 和 CC 最高,RE 较插值降水与 MSWEP V2.2 有所增大,王家坝和鲁台子站 RE 均小于插值降水与 MSWEP V2.2 的最优值,蚌埠闸站 RE 均介于 2 套参考数据之间,王家坝、鲁台子和蚌埠

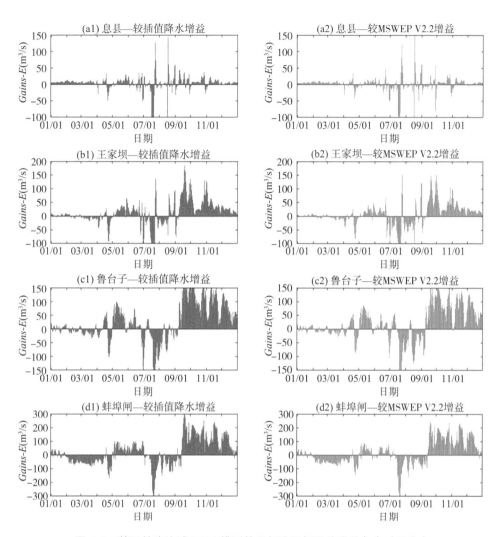

图 6.8　基于蚌埠流域 XAJ3 模型的日径流预报误差增益年内时程分布

闸站的 NSE 和 CC 均为 3 套数据中最高或次高值。单值径流精度指标方面,降水融合数据驱动的息县、王家坝和鲁台子站 $|MRE_p|$ 均介于另外 2 套数据之间,蚌埠闸站 $|MRE_p|$ 则最低。综合来看,基于降水融合数据的日径流预报综合精度较插值降水和 MSWEP V2.2 有所提高。

在降水融合数据驱动日径流预报精度的增益方面,息县站增益效果较差,其余 3 个站点均表现了良好的增益。较插值降水而言,NSE 增益介于 $3.4\%\sim11.1\%$;RE 增益较为明显,王家坝站、鲁台子站均达到 71.4%;对 CC 的改善幅度较小,介于 $-0.3\%\sim0.3\%$;$|MRE_p|$ 增益效果最好的是蚌埠闸站,达到 9.9%。较 MSWEP V2.2 降水而言,NSE 增益较小,介于 $-0.6\%\sim3.4\%$;RE 增益最好的是鲁台子,高达 55.5%;CC 增益

介于 $0.1\%\sim6.0\%$；除鲁台子站外，$|MRE_p|$ 均为正增益，介于 $9.6\%\sim20.8\%$。

表 6.9　不同降水驱动蚌埠流域 CREST 模型的日径流预报精度及降水融合数据的增益

水文站	精度指标	插值降水	MSWEP V2.2	降水融合数据	降水融合数据相对插值降水增益（%）	降水融合数据相对MSWEP V2.2 增益（%）
息县	NSE	0.71	0.76	0.79	11.1	3.4
	RE(%)	−8.0	−11.3	−24.3	−202.7	−115.4
	CC	0.90	0.85	0.90	−0.3	6.0
	$|MRE_p|$(%)	25.7	38.6	34.9	−35.7	9.6
王家坝	NSE	0.84	0.88	0.87	3.4	−0.6
	RE(%)	13.6	7.7	−3.9	71.4	49.5
	CC	0.94	0.93	0.95	0.3	2.0
	$|MRE_p|$(%)	32.4	40.6	34.7	−7.1	14.4
鲁台子	NSE	0.77	0.79	0.82	6.0	3.1
	RE(%)	19.7	12.7	5.6	71.4	55.5
	CC	0.92	0.91	0.92	0	0.7
	$|MRE_p|$(%)	12.7	10.1	12.3	3.6	−21.8
蚌埠闸	NSE	0.81	0.83	0.84	3.8	1.8
	RE(%)	12.5	5.7	−10.7	14.5	−89.0
	CC	0.93	0.93	0.93	0.1	0.1
	$|MRE_p|$(%)	23.7	27.0	21.4	9.9	20.8

图 6.9 给出了蚌埠流域基于 CREST 模型的径流误差增益 *Gains-E* 的时程分布。图中每条柱为 9 年同一日期径流误差平均改善值。受不同年份水雨情及融合数据精度时程变化的影响，降水融合数据驱动的预报径流较插值降水高估了 2011 年汛期日径流，导致各站点汛期呈现负增益，其中鲁台子站尤为显著。降水融合数据较 MSWEP V2.2 高估 2016 年 7 月日径流现象明显缓解，呈现正增益，其余时段没有明显规律。

6.4　耦合预报降水的场次洪水预报及增益

6.4.1　预报试验与有效预见期延长评价方法

（1）预报试验设计

本节基于传统仅利用落地雨、落地雨耦合预报降水 2 种方式驱动洪水预报，分析预

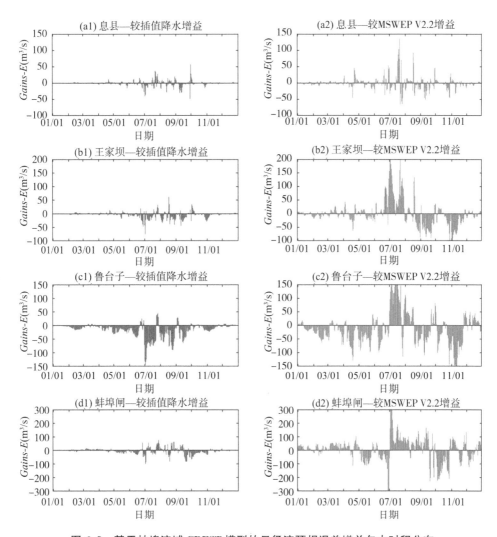

图 6.9　基于蚌埠流域 CREST 模型的日径流预报误差增益年内时程分布

报降水在延长白河站洪水预报有效预见期中的效用。落地雨与场次洪水预报模型构建所用预报降水保持一致,预报降水包括原始预报降水和订正后预报降水(即第 5 章 EQM-BGG 方法的订正结果)。因此,采用落地雨、落地雨＋原始预报降水、落地雨＋订正后预报降水进行洪水预报试验(图 6.10)。

在实际应用中,洪水预报为滚动预报,即通过不断更新的降水数据驱动预报模型,从而获得不断更新的洪水过程。数值预报模式每天 08 时(UTC 00∶00)作业预报一次,输出分辨率为 6 h,未来 10 d 的预报降水数据,相应地,每天 08 时进行洪水滚动预报。为能够实施多次洪水滚动预报和细致分析预报精度,需选择历时较长的场次洪水,本研究综合考虑场次洪水历时、洪峰、峰现时间及单/多峰等特征,筛选了 20080719 号、20110729

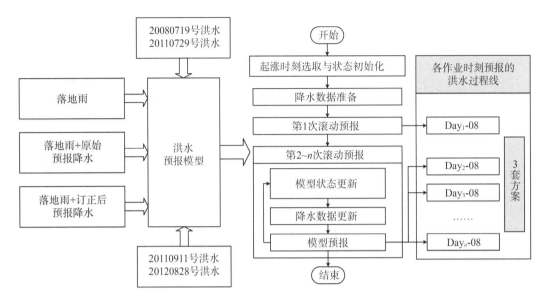

图 6.10 洪水预报试验方案与滚动预报流程

号、20110911 号、20120828 号 4 场洪水作为洪水预报试验的样本，洪水历时介于 $102\sim$ 285 h。

洪水滚动预报试验涉及起涨时刻选取与状态初始化、降水数据准备、逐次滚动预报等环节，具体流程如下：

① 起涨时刻选取与状态初始化。取距洪水实际起涨时刻之后最近的 08 时作为首次作业预报时刻 Day_1-08，从 6.2.2 节建模数据中提取 Day_0-08 时（前 1 日）土壤含水量作为土壤含水量状态初始状态。

② 降水数据准备。落地雨方案，以当前时段观测降水作为落地雨，认为预报时刻之后降水量为 0；耦合原始预报降水方案，将当前时段落地雨与该时刻预报的 MMEF 连接；耦合订正后预报降水方案，将当前时段落地雨与该时刻 EQM-BGG 订正后预报降水连接。

③ 第 1 次滚动预报。以上述 3 个降水过程分别驱动白河站场次洪水预报模型，获得 3 条预报洪水过程线，按照预报时刻 Day_1-08 时进行保存，同时输出 Day_1-08 时土壤含水量。

④ 第 2 次滚动预报。预报时刻向前推 1 天，预报时刻为 Day_2-08 时，落地雨在第 1 次滚动预报的基础上拼接 $Day_1-08\sim Day_2-08$ 时 4 个时段累积观测降水序列，其中 $Day_0-08\sim Day_1-08$ 时落地雨数据用于模型状态的更新，将该落地雨序列与订正前后预报降水拼接，从而得到 3 套降水过程；驱动预报模型，按照 Day_2-08 时刻保存 3 条预报洪水过程线。

⑤ 第 n 次滚动预报。预报时刻为 $Day_n - 08$ 时,落地雨由 $Day_0 - 08 \sim Day_n - 08$ 之间的观测降水序列组成,其中 $Day_0 - 08 \sim Day_{n-1} - 08$ 时落地雨数据用于模型状态的更新,将该落地雨序列与订正前后预报降水拼接,从而得到耦合预报降水的降水时间序列,驱动预报模型,按照 $Day_n - 08$ 时刻保存 3 条预报洪水过程线。

⑥ 重复步骤⑤,直至完成洪水历时中最后一个 08 时的滚动预报。

（2）有效预见期延长评价方法

有效预见期延长效果必须以洪水预报精度评价结果为基础。考虑洪水滚动预报依次输出洪水预报过程线的特点,本研究开展滚动过程中每次预报结果精度评价,待滚动预报结束后对所有预报结果进行回顾评价(图 6.11)。过程评价针对每次作业预报输出的洪水特征值——洪峰流量,采用相对误差(RE_p)和峰现时间误差(ΔT)分析对于洪峰

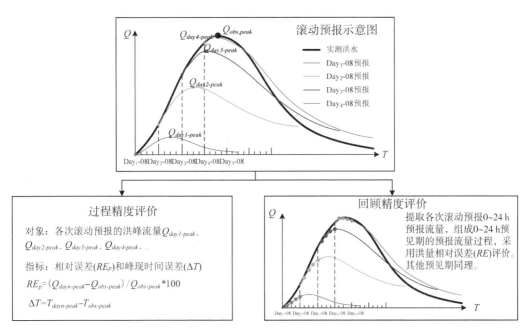

图 6.11　洪水滚动预报过程精度与回顾精度评价示意图

的预报效果。20080719 号洪水为单峰,其余 3 场均为双峰型洪水,需对 2 个洪峰分别评价。回顾评价以所有时刻的预报结果为基础,从各条洪水过程线中分别提取距作业时刻 $0 \sim 24\,h$、$24 \sim 48\,h$、$48 \sim 72\,h$、$72 \sim 96\,h$……的预报流量,将相同预报时效的预报结果按照作业时刻次序拼接,得到预见期分别为 $0 \sim 24\,h$、$24 \sim 48\,h$、$48 \sim 72\,h$、$72 \sim 96\,h$……的洪水预报过程,评价径流总量相对误差(RE)。

《水文情报预报规范》(GB/T 22482—2008)给出了洪峰、峰现时间与径流总量许可误差。对于洪峰流量,取实测洪峰流量的 ±20% 作为许可误差;对于峰现时间,以预报作业

时刻至实测洪峰出现时间之间的距离的 30% 作为许可误差；对于径流总量，以实测洪水过程径流总量的 ±20% 作为许可误差。本研究根据规范所述评价指标的许可误差作为判断有效预见期的准则，分析落地雨方案、耦合原始预报降水方案、耦合订正后预报降水方案的有效预见期，进而研究耦合预报降水较传统方法、预报降水订正后较原始预报的洪水预报有效预见期延长效果。

6.4.2 洪水预报有效预见期延长效果

图 6.12 给出了 4 场典型洪水的滚动预报结果。其中，20080719 号洪水执行了 4 次滚动预报、20110729 号洪水 6 次、20110911 号洪水 8 次、20120828 号洪水 10 次。由图可知，对于仅利用落地雨的洪水滚动预报，在降水发生前的作业预报，结果均显示流量逐渐下降，具有一定误导性；在降水发生之后的作业预报，能够预报出单峰和双峰型洪水的洪峰 1（第 1 个洪峰），但误差相对突出，对于双峰型洪水的洪峰 2（第 2 个洪峰），20110729 号与 20120828 号最后一次作业预报时落地雨序列中仍未包含与洪峰 2 对应的降水，所以导致了明显的漏报。对于落地雨＋原始预报降水驱动的洪水滚动预报，20080719 号洪水前 3 次预报均明显高估了洪峰流量，第 4 次预报洪峰与实测值接近，但明显滞后；另外 3 场双峰型洪水，均能够预报出 2 个洪峰，呈现出随着预报作业时刻靠近洪峰，洪峰误差趋于减小，但各次滚动预报的峰现时间误差一直存在。耦合订正后预报降水方案，20080719 号各次滚动预报的洪峰与洪量误差较订正前均大幅减小，20110729 号洪峰 2 与 20120828 号洪峰 1 的误差也有所降低，20110911 号洪水预报结果与订正前相差较小，但预报降水误差订正对于 20080719 号洪峰与 20110729 号洪峰 2 预报滞后并无明显改善效果。总体上，耦合预报降水能够较好预报涨洪和退水过程，利用订正后预报降水可有效降低洪峰预报误差，但对峰现时间的影响较小。

表 6.10 定量分析了 4 场典型洪水滚动预报过程中洪峰流量与峰现时间精度指标。对于单峰型洪水，作业预报起始时刻即为各次实际滚动预报的时刻，但对于双峰型洪水，按洪峰出现的次序依次分析预报误差。对于洪峰 1，仅评估洪峰 1 时刻之前各次作业预报结果的误差；对于洪峰 2，"作业预报起始时刻距洪峰时间"即针对洪峰 2 而言，对预报出洪峰 2 的滚动预报结果进行评价。需要说明的是，表 6.10 隐去了洪峰相对误差（RE_p）或峰现时间（ΔT）过大的滚动预报精度指标。

对于 20080719 号洪水，利用落地雨的最后 1 次滚动预报的 RE_p 仍达到 -38%，耦合原始预报降水后，前 3 次预报的洪峰相对误差较落地雨均明显增大，最后 1 次降低至 8%，而耦合订正后预报降水，4 次滚动预报的洪峰误差均大幅减小至 20% 以内。综合峰现时间的许可误差，可知耦合订正后预报降水方案，在第 1 次就实现了洪峰的有效预报，即提前 96 h 预报了洪峰，而落地雨方案与落地雨＋原始预报降水的方案无有效预报，因

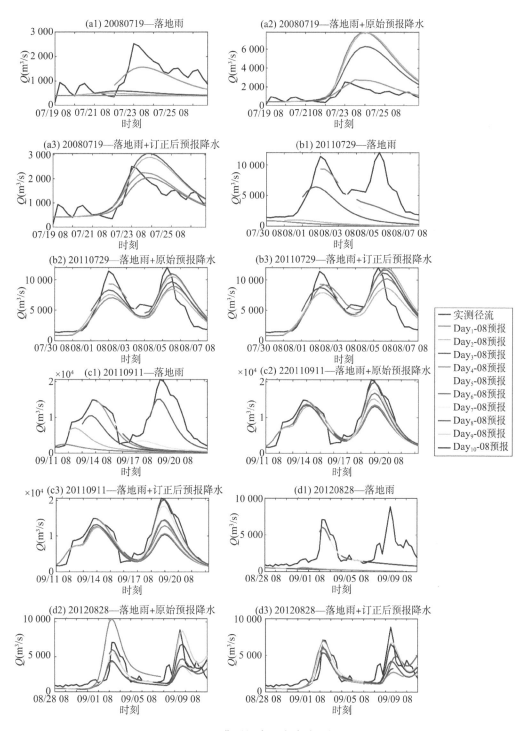

图 6.12　典型场次洪水滚动预报结果

此有效预见期延长 4 d。

对于 20110729 号洪水,作业预报时刻超过洪峰 1 之前执行了 3 次滚动预报。对于落地雨与落地雨＋原始预报降水的方案,各次预报洪峰相对误差均超过了－20%,无有效预报,而耦合订正后预报降水方案,同样在第 1 次滚动预报较准确给出了洪峰预报结果,预见期延长了 3 d。对于洪峰 2,落地雨方案未预报出洪峰 2,落地雨＋原始预报降水方案提前 96 h 给出了洪峰 2 的有效预报信息,有效预见期延长了 4 d,而采用订正后预报降水方案,则能提前 144 h 预报洪峰 2,有效预见期较落地雨方案延长 6 d,较耦合原始预报降水方案延长 2 d。

对于 20110911 号洪水,作业预报时刻超过洪峰 1 之前同样执行了 3 次滚动预报。落地雨方案各次预报的洪峰误差均超过许可误差,耦合预报降水的 2 套方案均提前 72 h 预报出了洪峰 1,有效预见期延长了 3 d,但预报降水误差订正使洪峰误差略有增加。对于洪峰 2,基于落地雨方案的最后 1 次预报,预报的峰现时间与洪峰 2 一致,但 RE_p 达到 26%,耦合原始预报降水后,提前 72 h 预报了洪峰 2,有效预见期也延长了 3 d,但采用订正后预报降水使有效预见期缩短了 1 d。总体上,预报降水误差订正给洪水预报带来了一定的负面效应。

对于 20120828 号洪水,作业预报时刻超过洪峰 1 之前执行了 6 次滚动预报。落地雨方案各次预报的洪峰 1 误差均超过许可误差,与之相比,落地雨＋原始预报降水方案有效预见期延长了 2 d,采用订正后预报降水则比落地雨方案延长有效预见期达 6 d,并且各次滚动预报的 RE_p 均明显降低。对于洪峰 2,表 6.10 给出了洪峰 2 之前 6 次滚动预报的精度指标。耦合原始预报降水方案提前 72 h 预报了洪峰 2,但此后 2 次预报的洪峰 RE_p 超过了－20%,订正后预报降水有效预见期较落地雨方案延长了 1 d。

表 6.10　典型场次洪水滚动预报的过程精度评价结果

洪水编号	洪峰	评价指标		作业预报起始时刻距洪峰时间(h)						
				168	144	120	96	72	48	24
20080719	—	落地雨	RE_p(%)				—	−80	−76	−38
			ΔT(h)				—	36	18	12
		落地雨＋原始预报降水	RE_p(%)				210	209	150	8
			ΔT(h)				24	24	24	12
		落地雨＋订正后预报降水	RE_p(%)				−19	15	20	−12
			ΔT(h)				18	24	18	12

续表

洪水编号	洪峰	评价指标		作业预报起始时刻距洪峰时间(h)						
				168	144	120	96	72	48	24
20110729	洪峰1	落地雨	$RE_p(\%)$					−92	−91	−44
			$\Delta T(h)$					72	30	6
		落地雨+原始预报降水	$RE_p(\%)$					−38	−34	−27
			$\Delta T(h)$					6	6	0
		落地雨+订正后预报降水	$RE_p(\%)$					−19	−30	−23
			$\Delta T(h)$					6	0	0
	洪峰2	落地雨	$RE_p(\%)$		—	—	—	—	—	—
			$\Delta T(h)$		—	—	—	—	—	—
		落地雨+原始预报降水	$RE_p(\%)$		−26	−29	−19	−12	−11	−8
			$\Delta T(h)$		12	12	12	12	12	12
		落地雨+订正后预报降水	$RE_p(\%)$		−15	−28	−7	0	−3	−3
			$\Delta T(h)$		6	6	12	6	6	6
20110911	洪峰1	落地雨	$RE_p(\%)$					—	—	−30
			$\Delta T(h)$							0
		落地雨+原始预报降水	$RE_p(\%)$					−8	−11	−9
			$\Delta T(h)$					6	12	6
		落地雨+订正后预报降水	$RE_p(\%)$					−15	−17	−11
			$\Delta T(h)$					6	6	6
	洪峰2	落地雨	$RE_p(\%)$	—	—	—	—	−73	−83	−26
			$\Delta T(h)$	—	—	—	—	66	30	0
		落地雨+原始预报降水	$RE_p(\%)$	−26	−36	−35	−29	−18	−12	−3
			$\Delta T(h)$	6	6	6	6	6	6	6
		落地雨+订正后预报降水	$RE_p(\%)$	−31	−49	−35	−29	−29	−11	−2
			$\Delta T(h)$	6	6	6	6	6	6	6

续表

洪水编号	洪峰	评价指标		作业预报起始时刻距洪峰时间(h)						
				168	144	120	96	72	48	24
20120828	洪峰1	落地雨	$RE_p(\%)$		—	—	−93	−96	−93	−84
			$\Delta T(h)$		—	—	102	68	42	24
		落地雨＋原始预报降水	$RE_p(\%)$		48	−39	−37	−21	−19	−15
			$\Delta T(h)$		0	0	0	0	0	0
		落地雨＋订正后预报降水	$RE_p(\%)$		−12	−17	−25	−1	−5	−15
			$\Delta T(h)$		0	0	0	0	0	0
	洪峰2	落地雨	$RE_p(\%)$		—	—	—	−82	−84	−86
			$\Delta T(h)$		—	—	—	78	60	36
		落地雨＋原始预报降水	$RE_p(\%)$		−45	−57	−58	−5	−23	−43
			$\Delta T(h)$		12	6	6	6	6	6
		落地雨＋订正后预报降水	$RE_p(\%)$		−47	−52	−53	−24	−26	−19
			$\Delta T(h)$		6	0	0	0	0	0

　　表6.11进一步分析了0～24 h、25～48 h、48～72 h、73～96 h和97～120 h不同预见期洪水预报过程的精度指标。由表可知,对于20080719号洪水,落地雨有效预见期为24 h,耦合预报降水能够延长1 d,此外订正后预报降水使各预见期的洪量误差接近于0;对于20110729号洪水,耦合预报降水较落地雨方案能够延长有效预见期3 d,订正后预报降水使各预见期的洪量误差控制在±10%之内;对于20110911号洪水,原始预报降水较落地雨延长有效预见期2 d,订正后预报降水则延长了4 d;对于20120828号洪水,订正后预报降水同样延长了4 d。

表6.11　典型场次洪水滚动预报的回顾精度评价结果

洪水编号	预见期	洪量相对误差(RE)		
		落地雨	落地雨＋原始预报降水	落地雨＋订正后预报降水
20080719	0～24 h	−6%	1%	−1%
	25～48 h	−30%	20%	2%
	48～72 h	−46%	98%	26%
	73～96 h	−61%	168%	30%
	97～120 h	−68%	211%	21%

续表

洪水编号	预见期	洪量相对误差（RE）		
		落地雨	落地雨＋原始预报降水	落地雨＋订正后预报降水
20110729	0～24 h	−17%	−5%	−5%
	25～48 h	−54%	−5%	−7%
	48～72 h	−77%	4%	−3%
	73～96 h	−86%	17%	1%
20110911	0～24 h	−11%	−2%	−2%
	25～48 h	−50%	−9%	−7%
	48～72 h	−76%	−16%	−8%
	73～96 h	−86%	−23%	−10%
	97～120 h	−90%	−32%	−17%
20120828	0～24 h	−19%	−13%	−13%
	25～48 h	−50%	−21%	−16%
	48～72 h	−69%	−22%	−14%
	73～96 h	−76%	−20%	−7%
	97～120 h	−79%	−21%	−2%

6.5　小结

本章构建了蚌埠流域的日径流和场次洪水预报模型，设计了不同条件下的日径流和场次洪水预报试验，分析了降水观测信息融合在提高日径流预报精度和降水预报-观测信息融合在延长洪水预报有效预见期方面的增益。主要结论如下：

（1）构建了蚌埠流域径流预报模型。日径流模型方面，蚌埠流域各水文站 XAJ3 和 CREST 模型日径流模拟的 NSE 均超过 0.6，与实测径流时程同步性较好，满足径流预报试验需求。场次洪水预报模型方面，白河站 XAJ3 场次洪水预报模型的合格率达到 64.0%，可用于场次洪水预报试验。

（2）基于降水观测信息融合的日径流预报精度总体优于采用站点插值和遥感反演降水的预报精度，但降水融合信息增益时空异质性及不同站点、不同模型预报性能差异对日径流预报精度增益具有影响。采用降水观测信息融合作为输入，在蚌埠流域，XAJ3 预报各站点日径流的 RE 增益超过了 50%，CREST 预报王家坝、鲁台子和蚌埠闸站日径流的 RE 增益达到 10% 以上。

（3）采用 EQM-BGG 统计后处理方法订正的预报降水，可降低洪峰预报误差、延长洪水预报有效预见期。随着滚动预报作业时间向峰现时间靠近，RE_p 和 ΔT 趋于减小，对峰现时间之前的最后一次滚动预报，相对于传统基于落地雨的预报方式，订正后预报降水可使低估洪峰的最大相对误差由 86% 降低至 23%。有效预见期方面，耦合订正后预报降水使洪峰和洪量的有效预见期延长幅度主要介于 24～78 h，部分场次洪水达到 96 h。

第 **7** 章

结论与展望

7.1 结论

水文预报追求高精度与长预见期。传统基于站点观测落地雨的预报方式,难以合理刻画降水时空变异性,是预报径流不确定性的主要来源,同时其有效预见期较短、不超过汇流时间,无法满足流域防洪减灾的实际需求。改善降水时空估计与定量预报精度是提升水文预报能力的迫切需求,也是水文水资源领域的重点和难点之一。近年来,空-天-地降水立体观测技术与联合测报方法不断推陈出新,地面空间插值、卫星遥感反演、数值模式预报等全球性降水数据集相继面世,为水文预报提供了更多驱动数据的选择,但定量误差突出仍然是制约其可利用性的主要因素。鉴于此,本研究以提高降水时空分布监测和预报能力为目标,开展地面观测-卫星遥感-数值预报多源降水信息集成及水文预报应用研究,主要内容包括基于地理时空加权回归的降水空间估计、典型全球降水数据集的可利用性评估、考虑有雨无雨辨识的多源降水融合、数值预报降水统计后处理及其水文预报应用开展研究。研究成果对推动降水空间估计与定量预报技术的发展、深化气象水文耦合预报具有理论与实际意义。主要内容及结论如下:

1. 基于 GTWR 构建了降水空间插值模型,开展了蚌埠流域月、日降水量空间估计研究,分析了降水空间估计精度随站网密度变化的阶段特征,阐明了考虑过去相依时段观测信息及引入高程信息对于降水空间估计精度的影响

(1) GTWR 模型将降水时空自相关性及其与协变量的空间互相关性纳入模型,强化了降水空间插值的信息利用度。从时间自相关时滞的角度看,GTWR 可认为是在 GWR 基础上引入历时相依时刻降水信息的扩展模型。

(2) 基于 GWR 和 GTWR 模型估计了 2010—2015 年蚌埠流域降水空间分布,二者对降水均具有较强的估计性能且精度基本相当,但它们在不同时段的优劣性存在差异。GWR 与 GTWR 的混合模型能够取得各时段最优插值效果。

(3) 降水空间估计精度随站网密度变化呈现出"迅速升高—缓慢增加—趋于稳定"的阶段特征:当站网密度小于 1 站/1 170 km^2 时,估计精度随站网变密而迅速升高;此后增速逐渐放缓;而超过 1 站/292 km^2 后,增加雨量站的改善效益逐步消失,降水空间估计精度趋于稳定。

(4) 当站网密度降低、空间信息缩减时,引入历史时间维度上观测信息的改善效益逐步显现,对于 SRMSE 的最大改善幅度达到了 14%。解释变量引入高程信息的作用仅在具有强相关性局部时空范围才能体现有效性。

2. 以基于 GTWR 的地面插值降水为基准,全面比较了 MSWEP(V2.1 和 V2.2)与代表性卫星反演 TRMM 3B42 V7、CMORPH BLD 和再分析(ERA5)降水对日降水的估

计效果,认识了 MSWEP 的优势与不足,并探讨了可能原因。

(1) 时序精度方面,除 TRMM 3B42 V7 外,4 种降水产品的平均 VHI、$VFAR$ 和 $VCSI$ 均接近最优值,2 种 MSWEP 与 CMORPH BLD 定量精度基本相当,CC 达到 0.87,MAE 为 1.2 mm/d,且优于 ERA5 和 TRMM 3B42 V7。MSWEP 采用加权融合算法吸收了各种源数据在不同空间位置的优势,使时序精度指标的空间异质性明显减弱,在全流域内具有更稳定、更优秀的综合表征能力。

(2) 空间精度方面,CMORPH BLD 的平均分类辨识效果优于 MSWEP,同时对于降水空间模式具有更强的刻画能力,但相对误差大于 MSWEP。MSWEP V2.2 汛期日降水空间结构与地面观测的相似程度仅高于 ERA5,可能原因是 MSWEP 依次对孤立栅格执行多源加权融合操作扰乱了降水空间结构。考虑局部降水空间自相关性是后续优化融合算法的重要方向。

(3) 对于不同强度降水,MSWEP 和 CMORPH BLD 并不总是最优的 GPE,当降水强度高于 100 mm/d,TRMM 3B42 V7 表现出更好的强降水估测能力。根据源数据对不同强度降水的表现,灵活调整权重是提升多源融合性能的潜在方向。

3. 构建了考虑有雨无雨辨识的多源降水融合方法 MDGTWR,针对站点观测降水与 MSWEP V2.2,开展了不同融合方法、解释变量组合的融合试验,并提出了融合增益评估通用性指标,阐明了所提方法较传统方法与参考降水的效益

(1) 提出了由有雨无雨辨识、多源降水融合与降水融合结果修正 3 个环节构成的多源降水信息融合框架,基于 Double-GTWR 模型构建了具有考虑降水时空自相关性、利用与其他变量的互相关性、集成信息源不受限等特点的多源降水信息融合方法 MDGTWR。

(2) 设计了不同融合方法(MDGTWR、MDGWR、MGTWR 和 MGWR)与解释变量 (XY、XYH)组合的 8 套试验方案。与传统融合方法相比,考虑有雨无雨辨识的融合方法使误报率(FAR)和误报误差(FP)大幅度降低,也使击中误差(HB)有所削减,并且对于小雨具有更强的分类辨识能力。在融合方法中,考虑降水时间自相关性可改善时序误报和漏报误差,对于空间精度具有小幅正向影响。

(3) 提出了以地面插值降水和遥感反演降水作为参考、覆盖分类辨识与定量精度的正向型、逆向型和中间值最优型指标增益评估公式。无论以地面插值降水还是以遥感反演降水作为参考,所提方法对降水估计精度总体具有正向改善作用。尤其 FP 和 HB 增益分别超过了 10% 和 60%。估计强降水事件(强度≥50 mm/d)的 CSI 和 HSS 增益也达到 10% 以上,MMP 和 MFP 压缩效益也超过了 10%。本研究中推荐蚌埠流域采用 MDGTWR(XYH)方法进行多源降水融合。

4. 将经验分位数映射(EQM)与伯努利-元高斯分布(BGG)耦合,提出了基于 EQM-BGG 的数值预报降水统计后处理模型,以融合降水为基准,针对数值预报模式 ECMWF、

NCEP 和 CMA 集合平均预报降水 MWIFP 开展误差订正后处理,阐明了削减分类和定量误差及延长有效预见期的效益

(1) EQM-BGG 方法吸纳了 EQM 提高分类精度和 BGG 压缩定量误差的优势,对蚌埠流域面平均与栅格预报降水的误差起到了较好的订正作用,精度指标提升效果总体优于单一方法,使预报精度衰减和低精度区范围扩大的速度明显减缓。

(2) 对于面平均预报降水,EQM-BGG 订正后各预见期 FA 和 MAE 增益均超过了 10%,当预见期达到 222~228 h,FA 仍能稳定在 0.7 以上、MAE 压缩在 0.6 mm/6 h 以下。在 6—8 月预见期 0~6 h 面平均预报降水的分类与定量精度的改善最为显著。在栅格尺度上,订正增益随预见期延长逐渐放大,对于预见期 96~102 h 所有栅格 FA 的增益超过 10%,提升至 0.8 以上,北部栅格 MAE 的增益超过 40%,降至 0.5 mm/6 h 以下。

(3) EQM-BGG 具有减缓预报降水综合精度随预见期延长衰减速度的作用。除大坡岭子流域外,订正后蚌埠流域和子流域面平均预报降水有效预见期延长了 12~78 h。栅格尺度上,流域西北部分栅格延长幅度介于 18~54 h。

5. 基于构建的典型水文站日径流和场次洪水预报模型,开展了基于插值降水、MSWEP V2.2 及多源融合降水驱动的日径流预报试验与基于落地雨、耦合原始预报降水及耦合订正后预报降水的场次洪水滚动预报试验,定量评估了融合降水提高日径流预报精度、耦合预报降水延长洪水预报有效预见期的效益

(1) 蚌埠流域各水文站 XAJ3 和 CREST 模型日径流模拟的 NSE 均超过 0.6,与实测径流时程同步性较好。场次洪水预报模型方面,白河站 XAJ3 场次洪水预报模型的合格率达到 64.0%。

(2) 基于降水观测信息融合的日径流预报精度总体优于采用地面插值和遥感反演降水的预报精度,但降水融合信息增益时空异质性及不同站点、不同模型预报性能差异对日径流预报精度增益具有影响。以多源融合降水作为驱动,各站点 XAJ3 预报日径流的 RE 增益超过了 50%,CREST 预报王家坝、鲁台子和蚌埠闸站日径流的 RE 增益达到 10% 以上。

(3) 采用 EQM-BGG 统计后处理方法订正的预报降水,可降低洪峰预报误差、延长洪水预报有效预见期。随着滚动预报作业时间向峰现时间靠近,RE_p 和 ΔT 趋于减小,对峰现时间之前的最后一次滚动预报,相对于传统预报方式,订正后预报降水可使低估洪峰的最大相对误差由 86% 降低至 23%。耦合订正后预报降水使洪峰和洪量的有效预见期延长幅度主要介于 24~78 h。

7.2 展望

由于降水时空估计与定量预报十分复杂,本书在地面观测-卫星遥感-数值预报多源

降水信息融合及水文预报应用研究中，限于多方面条件，在部分内容和环节上还存在若干不足有待深入研究，同时文中所提新模型、新方法的性能还需通过不同气象水文条件区域的验证加以完善和提升。

（1）针对基于地理时空加权回归的地面观测降水插值方法，本研究已经认识到当空间信息密度降低时，引入时间维度上相依时段的观测信息可以起到改善降水空间估计效果的作用，但改善效益（降水空间插值与降水信息融合）相对较小。而时间信息在降水空间定量估计模型中的利用方式在很大程度上决定着其相对于传统方法的增益，未来可探索更为丰富多样的利用途径，从而能够显著提升降水空间估计的精度。

（2）针对考虑有雨无雨辨识的多源降水信息融合方法，分析了遥感反演降水不同和是否考虑高程因子对降水估计精度的影响，无论有雨无雨辨识还是多源信息融合环节，均与地面站点观测降水密切相关，而站网密度及空间分布格局的变化可能会影响所提方法的效果，特别是漏报和误报误差的相应变化需定量辨识。后续研究还需在更多不同站网条件的试验区域开展降水融合试验，以获取更完整、翔实可靠的融合有效性认识。

（3）针对数值模式的控制预报降水，本研究重点研究了定性和定量误差的校正方法，与主流方法类似，采用逐个栅格依次建模的方式订正误差，忽视了降水的时空关联性，存在破坏降水时空相依结构的风险，并且对预报降水空间分辨率低、不确定性突出等问题尚未触及。当前，已有数值预报降水统计后处理方法尚不具备兼顾空间降尺度、定量误差削减、时空相依结构重建和预报不确定量化的能力，综合性、全能型统计后处理方法亟待深入研究。

（4）关于降水数据质量改善对水文预报的影响，本研究从预报结果的角度重点关注了日径流预报精度改善与洪水预报有效预见期延长效果，对于降水定量误差及削减增益在水文预报产汇流过程中的传递规律及对预报不确定性的影响尚未解析。而这一工作可反向为降水时空估计与定量预报精度改善提供有效反馈信息，也是进一步提高水文预报精度、延长有效预见期、控制不确定性的重要途径。今后有必要对这一问题开展深入研究，以推动气象水文双向耦合应用。

参考文献

［1］夏军,王惠筠,甘瑶瑶,等.中国暴雨洪涝预报方法的研究进展［J］.暴雨灾害,2019,38(5)：416-421.

［2］Syed T H, Lakshmi V, Paleologos E, et al. Analysis of process controls in land surface hydrological cycle over the continental United States［J］. Journal of Geophysical Research：Atmospheres, 2004, 109(D22).

［3］Kavetski D, Kuczera G, Franks S W. Bayesian analysis of input uncertainty in hydrological modeling：2. Application［J］. Water resources research, 2006, 42(3).

［4］Dos Reis J B C, Rennó C D, Lopes E S S. Validation of satellite rainfall products over a mountainous watershed in a humid subtropical climate region of Brazil［J］. Remote Sensing, 2017, 9(12)：1240.

［5］Sun Q H, Miao C Y, Duan Q Y, et al. A review of global precipitation data sets：Data sources, Estimation, and Intercomparisons［J］. Reviews of Geophysics, 2017, 56(1)：79-107.

［6］Maggioni V, Meyers P C, Robinson M D. A review of merged highresolution satellite precipitation product accuracy during the Tropical Rainfall Measuring Mission (TRMM)-Era［J］. Journal of Hydrometeorology, 2016, 17(4)：1101-1117.

［7］Li X, Chen Y B, Wang H Y, et al. Assessment of GPM IMERG and radar quantitative precipitation estimation (QPE) products using dense rain gauge observations in the Guangdong-Hong Kong-Macao Greater Bay Area, China［J］. Atmospheric Research, 2020, 236：1-16.

［8］李哲.多源降雨观测与融合及其在长江流域的水文应用［D］.北京:清华大学,2015.

［9］Ma Y Z, Hong Y, Chen Y, et al. Performance of optimally merged multisatellite precipitation products using the dynamic Bayesian model averaging scheme over the Tibetan Plateau［J］. Journal of Geophysical Research：Atmospheres, 2018, 123(2)：814-834.

［10］Hu Q F, Li Z, Wang L Z, et al. Rainfall Spatial Estimations：a review from spatial interpolation to multi-source data merging［J］. Water, 2019, 11(3)：579.

［11］赵琳娜,刘莹,党皓飞,等.集合数值预报在洪水预报中的应用进展［J］.应用气象学报,2014,25(6):641-653.

［12］常俊,彭新东,范广洲,等.结合历史资料的数值天气预报误差订正［J］.气象学报,2015,73(2)：341-354.

［13］Chen Q Y, Shen X S, Sun J, et al. Momentum budget diagnosis and the parameterization of subgrid-scale orographic drag in global GRAPES［J］. Journal of Meteorological Research, 2016, 30

(5)：771-788.

[14] Poterjoy J, Sobash R A, Anderson J L. Convective-scale data assimilation for the weather research and forecasting model using the local particle filter[J]. Monthly Weather Review, 2017, 145(5)：1897-1918.

[15] Tiwari G, Kumar S, Routray A, et al. A high-resolution mesoscale model approach to reproduce super typhoon Maysak (2015) over northwestern Pacific Ocean[J]. Earth Systems and Environment, 2019, 3(1)：101-112.

[16] Li W T, Duan Q Y, Miao C Y, et al. A review on statistical postprocessing methods for hydrometeorological ensemble forecasting[J]. Wiley Interdisciplinary Reviews：Water, 2017, 4(6).

[17] Li W T, Duan Q Y, Ye A Z, et al. An improved meta-Gaussian distribution model for post-processing of precipitation forecasts by censored maximum likelihood estimation[J]. Journal of Hydrology, 2019, 574：801-810.

[18] Gneiting T, Katzfuss M. Probabilistic forecasting[J]. Annual Review of Statistics and Its Application, 2014, 1：125-151.

[19] Xu H L, Xu C Y, Sælthun N R, et al. Entropy theory based multi-criteria resampling of rain gauge networks for hydrological modelling—A case study of humid area in southern China[J]. Journal of Hydrology, 2015, 525：138-151.

[20] Kyriakidis P C, Kim J, Miller N L. Geostatistical mapping of precipitation from rain gauge data using atmospheric and terrain characteristics[J]. Journal of Applied Meteorology, 2001, 40(11)：1855-1877.

[21] Brunsdon C, Fotheringham A S, Charlton M. Geographically weighted summary statistics—a framework for localised exploratory data analysis[J]. Computers, Environment and Urban Systems, 2002, 26(6)：501-524.

[22] Wood S N. mgcv：GAMs and generalized ridge regression for R[J]. R news, 2001, 1(2)：20-25.

[23] Goovaerts P. Geostatistics for natural resources evaluation[M]. Qxford：Oxford University Press, 1997.

[24] Yue T X. Surface modeling：high accuracy and high speed methods[M]. Boca Raton：CRC press, 2011.

[25] Yue T X, Zhao N, Yang H, et al. A multi-grid method of high accuracy surface modeling and its validation[J]. Transactions in GIS, 2013, 17(6)：943-952.

[26] Toponogov V A. Differential geometry of curves and surfaces[M]. New York：Dover Publications, 2006.

[27] Yue T X, DU Z P, SONG D J. High accuracy surface modelling：HASM4[J]. Journal of Image and Graphics, 2007, 12(2)：343-348.

[28] Rigol J P, Jarvis C H, Stuart N. Artificial neural networks as a tool for spatial interpolation[J].

International Journal of Geographical Information Science，2001，15(4)：323-343.

［29］ Teegavarapu R S V，Tufail M，Ormsbee L. Optimal functional forms for estimation of missing precipitation data[J]. Journal of Hydrology，2009，374(1-2)：106-115.

［30］ Kajornrit J，Wong K W，Fung C C. An interpretable fuzzy monthly rainfall spatial interpolation system for the construction of aerial rainfall maps [J]. Soft Computing，2016，20 (12)：4631-4643.

［31］ Biau G，Scornet E. A random forest guided tour[J]. Test，2016，25(2)：197-227.

［32］ Wang Q，Ni J，Tenhunen J. Application of a geographically-weighted regression analysis to estimate net primary production of Chinese forest ecosystems[J]. Global ecology and biogeography，2005，14(4)：379-393.

［33］ Huang B，Wu B，Barry M. Geographically and temporally weighted regression for modeling spatio-temporal variation in house prices[J]. International Journal of Geographical Information Science，2010，24(3)：383-401.

［34］ Hofierka J，Parajka J，Mitasova H，et al. Multivariate interpolation of precipitation using regularized spline with tension[J]. Transactions in GIS，2002，6(2)：135-150.

［35］ Tait A，Henderson R，Turner R，et al. Thin plate smoothing spline interpolation of daily rainfall for New Zealand using a climatological rainfall surface[J]. International Journal of Climatology：A Journal of the Royal Meteorological Society，2006，26(14)：2097-2115.

［36］ Aalto J，Pirinen P，Heikkinen J，et al. Spatial interpolation of monthly climate data for Finland：comparing the performance of kriging and generalized additive models[J]. Theoretical and applied climatology，2013，112(1)：99-111.

［37］ Apaydin H，Sonmez F K，Yildirim Y E. Spatial interpolation techniques for climate data in the GAP region in Turkey[J]. Climate Research，2004，28(1)：31-40.

［38］ Feki H，Slimani M，Cudennec C. Incorporating elevation in rainfall interpolation in Tunisia using geostatistical methods[J]. Hydrological Sciences Journal，2012，57(7)：1294-1314.

［39］ Moral F J. Comparison of different geostatistical approaches to map climate variables：application to precipitation[J]. International Journal of Climatology：A Journal of the Royal Meteorological Society，2010，30(4)：620-631.

［40］ Kumari M，Basistha A，Bakimchandra O，et al. Comparison of spatial interpolation methods for mapping rainfall in Indian Himalayas of Uttarakhand region[C]//Geostatistical and Geospatial Approaches for the Characterization of Natural Resources in the Environment：Challenges，Processes and Strategies. Springer International Publishing，2016：159-168.

［41］ Germann U，Galli G，Boscacci M，et al. Radar precipitation measurement in a mountainous region[J]. Quarterly Journal of the Royal Meteorological Society：A journal of the atmospheric sciences，applied meteorology and physical oceanography，2006，132(618)：1669-1692.

［42］ Zhang J，Howard K，Langston C，et al. Multi-Radar Multi-Sensor (MRMS) quantitative precipitation estimation：initial operating capabilities[J]. Bulletin of the American Meteorological Socie-ty，2016，97（4）：621-638.

[43] Villarini G，Krajewski W F. Review of the different sources of uncertainty in single polarization radar-based estimates of rainfall[J]. Surveys in Geophysics，2010，31（1）：107-129.

[44] Li H，Hong Y，Xie P P，et al. Variational merged of hourly gauge-satellite precipitation in China：Preliminary results[J]. Journal of Geophysical Research：Atmospheres，2015，120（19）：9897-9915.

[45] Zhang P，Zrnić D，Ryzhkov A. Partial beam blockage correction using polarimetric radar meas-urements[J]. Journal of Atmospheric and Oceanic Technology，2013，30（5）：861-872.

[46] Rosenfeld D，Wolff D B，Atlas D. General probability-matched relations between radar reflectivi-ty and rain rate[J]. Journal of Applied Meteorology and Climatology，1993，32（1）：50-72.

[47] Rosenfeld R. A maximum entropy approach to adaptive statistical language modelling[J]. Com-puter speech and language，1996，10（3）：187.

[48] Piman T，Babel M S，Das Gupta A，et al. Development of a window correlation matching method for improved radar rainfall estimation[J]. Hydrology and Earth System Sciences，2007，11（4）：1361-1372.

[49] Hasan M M，Sharma A，Mariethoz G，et al. Improving radar rainfall estimation by merging point rainfall measurements within a model combination framework[J]. Advances in Water Resources，2016，97：205-218.

[50] Kidd C，Levizzani V. Status of satellite precipitation retrievals[J]. Hydrology and Earth System Sciences，2011，15（4）：1109-1116.

[51] Capacci D，Porcu F. Evaluation of a satellite multispectral VIS-IR daytime statistical rain-rate classifier and comparison with passive microwave rainfall estimates[J]. Journal of applied meteor-ology and climatology，2009，48（2）：284-300.

[52] Heinemann T，Latanzio A，Roveda F. The Eumetsat multi-sensor precipitation estimate（MPE）[C]//Second International Precipitation Working group（IPWG）Meeting，2002：23-27.

[53] Arkin P A，Meisner B N. The relationship between large-scale convective rainfall and cold cloud over the western hemisphere during 1982-84[J]. Monthly Weather Review，1987，115（1）：51-74.

[54] 汤秋鸿，张学君，戚友存，等. 遥感陆地水循环的进展与展望[J]. 武汉大学学报（信息科学版），2018，43（12）：1872-1884.

[55] 李小青. 星载被动微波遥感反演降水算法回顾[J]. 气象科技，2004，32（3）：149-154.

[56] 刘元波，傅巧妮，宋平，等. 卫星遥感反演降水研究综述[J]. 地球科学进展，2011，26（11）：1162-1172.

[57] Iguchi T，Kozu T，Kwiatkowski J，et al. Uncertainties in the rain profiling algorithm for the TRMM precipitation radar[J]. Journal of the Meteorological Society of Japan. Ser. Ⅱ，2009，

87：1-30.

［58］Hou A Y，Kakar R K，Neeck S，et al. The global precipitation measurement mission［J］. Bulletin of the American Meteorological Society，2014，95(5)：701-722.

［59］Iguchi T，Kanemaru K，Hamada A. Possible improvement of the GPM's Dual-frequency Precipitation Radar (DPR) algorithm［C］//Remote Sensing of the Atmosphere，Clouds，and Precipitation Ⅶ. International Society for Optics andPhotonics，2018，10776：107760Q.

［60］Turk F J，Arkin P，Ebert E E，et al. Evaluating high-resolution precipitation products［J］. Bulletin of the American Meteorological Society，2008，89(12)：1911-1916.

［61］Adler R F，Huffman G J，Chang A，et al. The version-2 Global Precipitation Climatology Project (GPCP) monthly precipitation analysis (1979-present)［J］. Journal of hydrometeorology，2003，4(6)：1147-1167.

［62］Huffman G J，Bolvin D T，Nelkin E J，et al. The TRMM Multisatellite Precipitation Analysis (TMPA)：quasi-global，multiyear，combined-sensor precipitation estimates at fine scales［J］. Journal of Hydrometeorology，2007，8(1)：38-55.

［63］Joyce R J，Janowiak J E，Arkin P A，et al. CMORPH：a method that produces global precipitation estimates from passive microwave and infrared data at high spatial and temporal resolution［J］. Journal of Hydrometeorology，2004，5(3)：487-503.

［64］Ushio T，Sasashige K，Kubota T，et al. A Kalman filter approach to the Global Satellite Mapping of Precipitation (GSMaP) from combined passive microwave and infrared radiometric data［J］. Journal of the Meteorological Society of Japan. Ser. II，2009，87：137-151.

［65］刘少华，严登华，王浩，等.中国大陆流域分区 TRMM 降水质量评价［J］.水科学进展，2016，27(5)：639-651.

［66］王兆礼，钟睿达，赖成光，等.TRMM 卫星降水反演数据在珠江流域的适用性研究——以东江和北江为例［J］.水科学进展，2017，28(2)：174-182.

［67］Tan M L，Ibrahim A L，Duan Z，et al. Evaluation of six high-resolution satellite and ground-based precipitation products over Malaysia［J］. Remote Sensing，2015，7(2)：1504-1528.

［68］杨云川，程根伟，范继辉，等.卫星降雨数据在高山峡谷地区的代表性与可靠性［J］.水科学进展，2013，24(1)：24-33.

［69］Shen Y，Xiong A Y，Wang Y，et al. Performance of high-resolution satellite precipitation products over China［J］. Journal of Geophysical Research：Atmospheres，2010，115(D2).

［70］Wang Z L，Zhong R D，Lai C G，et al. Evaluation of the GPM IMERG satellite-based precipitation products and the hydrological utility［J］. Atmospheric Research，2017，196：151-163.

［71］Tang G Q，Clark M P，Papalexiou S M，et al. Have satellite precipitation products improved over last two decades? A comprehensive comparison of GPM IMERG with nine satellite and reanalysis datasets［J］. Remote Sensing of Environment，2020，240：111697.

［72］曲学斌，付亚男，袁秀芝，等.GPM-IMERG 日降水数据在内蒙古地区的适用性分析［J］.暴雨灾

害,2020,39(3):293-299.

[73] 王文种,黄对,刘宏伟,等.淮河上游区域 GPM IMERG 卫星降水数据应用评价[J].水电能源科学,2020,38(8):1-4.

[74] 方勉,何君涛,符永铭,等.GPM 卫星降水数据在沿海地区的适用性分析——以三亚市为例[J].气象科技,2020,48(5):622-629.

[75] 吴鹏,卞晓丰.TIGGE 数据接收问题分析与解决[J].气象科技,2013,41(6):1021-1025.

[76] Molteni F, Buizza R, Palmer T N, et al. The ECMWF ensemble prediction system: methodology and validation[J]. Quarterly Journal of the Royal Meteorological Society, 1996, 122(529): 73-119.

[77] 熊秋芬.GRAPES_Meso 模式的降水格点检验和站点检验分析[J].气象,2011,37(2):185-193.

[78] Kalnay E, Kanamitsu M, Kistler R, et al. The NCEP/NCAR 40-year reanalysis project[J]. Bulletin of the American Meteorological Society, 1996, 77(3): 437-472.

[79] Kanamitsu M, Ebisuzaki W, Woollen J, et al. Ncep-Doe Amip-II reanalysis (R-2)[J]. Bulletin of the American Meteorological Society, 2002, 83(11): 1631-1644.

[80] Saha S, Moorthi S, Wu X, et al. The NCEP climate forecast system version 2[J]. Journal of Climate, 2014, 27(6): 2185-2208.

[81] Rienecker M M, Suarez M J, Gelaro R, et al. MERRA: NASA's modern-era retrospective analysis for research and applications[J]. Journal of climate, 2011, 24(14): 3624-3648.

[82] Ebita A, Kobayashi S, Ota Y, et al. The Japanese 55-year reanalysis "JRA-55": an interim report[J]. Sola, 2011, 7: 149-152.

[83] 王旻燕,姚爽,姜立鹏,等.我国全球大气再分析(CRA-40)卫星遥感资料的收集和预处理[J].气象科技进展,2018,8(1):158-163.

[84] 叶梦姝.中国大气再分析资料降水产品在天气和气候中的适用性研究[D].兰州:兰州大学,2018.

[85] Prakash S, Gairola R M, Mitra A K. Comparison of large-scale global land precipitation from multisatellite and reanalysis products with gauge-based GPCC data sets[J]. Theoretical and Applied Climatology, 2015, 121(1): 303-317.

[86] Nogueira M. Inter-comparison of ERA-5, ERA-interim and GPCP rainfall over the last 40 years: process-based analysis of systematic and random differences[J]. Journal of Hydrology, 2020, 583: 124632.

[87] Lin R P, Zhou T J, Qian Y. Evaluation of global monsoon precipitation changes based on five reanalysis datasets[J]. Journal of Climate, 2014, 27(3): 1271-1289.

[88] Gleixner S, Demissie T, Diro G T. Did ERA5 improve temperature and precipitation reanalysis over East Africa? [J]. Atmosphere, 2020, 11(9): 996.

[89] Hua W J, Zhou L M, Nicholson S E, et al. Assessing reanalysis data for understanding rainfall climatology and variability over Central Equatorial Africa[J]. Climatedynamics, 2019, 53(1):

651-669.

［90］Rozante J R, Moreira D S, De Goncalves L G G, et al. Combining TRMM and surface observations of precipitation: technique and validation over South America[J]. Weather Forecast, 2010, 25(3): 885-894.

［91］Shen Y, Zhao P, Pan Y, et al. A high spatiotemporal gauge-satellite merged precipitation analysis over China[J]. Journal of Geophysical Research: Atmospheres, 2014, 119(6): 3063-3075.

［92］Verdin A, Rajagopalan B, Kleiber W, et al. A Bayesian kriging approach for blending satellite and ground precipitation observations[J]. Water Resources Research, 2015, 51(2): 908-921.

［93］Chen Y H, Han D W. Big data and hydroinformatics[J]. Journal of Hydroinformatics, 2016, 18(4): 599-614.

［94］Velasco-Forero C A, Sempere-Torres D, Cassiraga E F, et al. A non-parametric automatic blending methodology to estimate rainfall fields from rain gauge and radar data[J]. Advances in Water Resources, 2009, 32(7): 986-1002.

［95］Cecinati F, Rico-Ramirez M A, Heuvelink G B M, et al. Representing radar rainfall uncertainty with ensembles based on a time-variant geostatistical error modelling approach[J]. Journal of Hydrology, 2017, 548: 391-405.

［96］Aalto J, Pirinen P, Heikkinen J, et al. Spatial interpolation of monthly climate data for Finland: comparing the performance of kriging and generalized additive models[J]. Theoretical and Applied Climatology, 2013, 112(1): 99-111.

［97］Fotheringham A S, Crespo R, Yao J. Geographical and temporal weighted regression (GTWR)[J]. Geographical Analysis, 2015, 47(4): 431-452.

［98］Bai X Y, Wu X Q, Wang P. Blending long-term satellite-based precipitation data with gauge observations for drought monitoring: considering effects of different gauge densities[J]. Journal of Hydrology, 2019, 577: 124007.

［99］胡庆芳. 基于多源信息的降水空间估计及其水文应用研究[D]. 北京:清华大学,2013.

［100］Beck H E, Wood E F, Pan M, et al. MSWEP V2 global 3-hourly 0.1° precipitation: methodology and quantitative assessment[J]. Bulletin of the American Meteorological Society, 2019, 100(3): 473-500.

［101］Beck H E, Vergopolan N, Pan M, et al. Global-scale evaluation of 22 precipitation datasets using gauge observations and hydrological modeling[J]. Hydrology and Earth System Sciences, 2017, 21(12): 6201-6217.

［102］Beck H E, Pan M, Roy T, et al. Daily evaluation of 26 precipitation datasets using Stage-IV gauge-radar data for the CONUS[J]. Hydrology and Earth System Sciences, 2019, 23(1): 207-224.

［103］邓越,蒋卫国,王晓雅,等. MSWEP 降水产品在中国大陆区域的精度评估[J]. 水科学进展, 2018, 29(4): 455-464.

[104] Liu J, Shangguan D H, Liu S Y, et al. Evaluation and comparison of CHIRPS and MSWEP daily-precipitation products in the Qinghai-Tibet Plateau during theperiod of 1981—2015[J]. Atmospheric Research, 2019, 230: 104634.

[105] 赵静,胡庆芳,王腊春,等.基于MSWEP数据的太湖流域降水特性分析[J].水资源保护,2020,36 (2):27-33+40.

[106] Hamill T M, Whitaker J S. Probabilistic quantitative precipitation forecasts based on reforecast analogs: theory and application[J]. Monthly Weather Review, 2006, 134(11): 3209-3229.

[107] Hashino T, Bradley A A, Schwartz S S. Evaluation of bias-correction methods for ensemble streamflow volume forecasts[J]. Hydrology and Earth System Sciences, 2007, 11(2): 939-950.

[108] Krishnamurti T N, Kishtawal C M, LaRow T E, et al. Improved weather and seasonal climate forecasts from multimodel superensemble[J]. Science, 1999, 285(5433): 1548-1550.

[109] Todini E. From HUP to MCP: analogics and extended performance[J]. Journal of Hydrology, 2013, 477: 33-42.

[110] Wang Q J, Robertson D E, Chiew F H S. A Bayesian joint probability modeling approach for seasonal forecasting of streamflows at multiple sites[J]. Water Resources Research, 2009, 45(5).

[111] Gneiting T, Westveld A H, Raftery A E, et al. Calibrated probabilistic forecasting using ensemble model output statistics and minimum CRPS estimation[J]. Monthly Weather Review, 2005, 133(5): 1098-1118.

[112] Wu L M, Seo D J, Demargne J, et al. Generation of ensemble precipitation forecast from single-valued quantitative precipitation forecast for hydrologic ensemble prediction[J]. Journal of Hydrology, 2011, 399(3-4): 281-298.

[113] Tobin K J, Bennett M E. Satellite precipitation products and hydrologic applications[J]. Water International, 2014, 39(3): 360-380.

[114] 吴勇. MSWEP降水数据在元江流域的精度检验与水文模拟效果评估[D].昆明:云南大学,2019.

[115] 黄依之,张行南,方园皓.CMORPH卫星反演降水数据质量评估及水文过程模拟[J].水电能源科学,2020,38(9):1-4.

[116] 张华岩.北江流域TRMM卫星与地面站点降水数据融合及径流模拟应用研究[D].武汉:华中科技大学,2019.

[117] 王嘉志,宋媛媛,王帮洁.基于融合降水产品的春季淮河流域干旱指数适用性分析[J].现代农业科技,2018(13):206-207+210.

[118] 叶金印,邵月红,李致家.基于TIGGE降水集合预报的洪水预报研究[C]//中国气象学会.第34届中国气象学会年会S7水文气象、地质灾害气象预报理论与应用技术论文集,2017:10.

[119] 黄艳伟,李颖,朱红雷,等.CFSR数据集在辉发河流域水文模拟中的应用[J].水土保持研究,2021,28(1):300-306+314.

[120] Brunsdon C, Fotheringham S, Charlton M. Geographically weighted regression[J]. Journal of the

Royal Statistical Society，1998，47(3):431-443.

[121] Brunsdon C，Corcoran J，Higgs G．Visualising space and time in crime patterns：a comparison of methods[J]．Computers Environment & Urban Systems，2007，31(1):52-75.

[122] 玄海燕,张安琪,蔺全录,等.中国省域经济发展影响因素及其时空规律研究——基于 GTWR 模型[J].工业技术经济,2016,35(2):154-160.

[123] Ping L V，Hui Z．Affecting factors research of Beijing residental land price based on GWR model [J]．Economic Geography，2010，3：472-478.

[124] Chu H J，Huang B，Lin C Y．Modeling the spatio-temporal heterogeneity in the PM10-PM2.5 relationship[J]．Atmospheric Environment，2015，102:176-182.

[125] Lo C P．Population estimation using geographically weighted regression[J]．Mapping Sciences & Remote Sensing，2008，45(2):131-148.

[126] 覃文忠.地理加权回归基本理论与应用研究[D].上海:同济大学,2007.

[127] 玄海燕,李帅峰.时空地理加权回归模型及其拟合[J].甘肃科学学报,2011,23(4):119-121.

[128] 玄海燕,李帅峰.时空加权回归模型的非平稳性检验[J].甘肃科学学报,2012,24(2):1-4.

[129] Beck H E，Van Dijk A I J M，Levizzani V，et al．MSWEP：3-hourly 0.25° global gridded precip-itation (1979—2015) by merging gauge, satellite, and reanalysis data[J]．Hydrology & Earth System Sciences，2017，21(1)：589-615.

[130] Huffman G J，Bolvin D T，Nelkin E J，et al．The TRMM Multisatellite Precipitation Analysis (TMPA)：quasi-global，multiyear，combined-sensor precipitation estimates at fine scales[J]．Journal of Hydrometeorology，2007，8(1)：38-55.

[131] Joyce R J，Janowiak J E，Arkin P A，et al．CMORPH：a method that produces global precipitati-on estimates from passive microwave and infrared data at high spatial and temporal resolution[J]．Journal of Hydrometeorology，2004，5(3)：287-296.

[132] Hersbach H，Bell B，Berrisford P，et al．The ERA5 global reanalysis[J]．Quarterly Journal of the Royal Meteorological Society，2020，146(730)：1999-2049.

[133] AghaKouchak A，Mehran A．Extended contingency table：performance metrics for satellite ob-servations and climate model simulations[J]．Water Resources Research，2013，49(10)：7144-7149.

[134] Robertson C，Long J A，Nathoo F S，et al．Assessing quality of spatial models using the struc-tural similarity index and posterior predictive checks[J]．Geographical Analysis，2014，46(1)：53-74.

[135] Plouffe C C F，Robertson C，Chandrapala L．Comparing interpolation techniques for monthly rainfall mapping using multiple evaluation criteria and auxiliary data sources：a case study of Sri Lanka[J]．Environmental Modelling & Software，2015，67：57-71.

[136] Tian Y，Peters-Lidard C D，Eylander J B，et al．Component analysis of errors in satellite-based precipitation estimates[J]．Journal of Geophysical Research：Atmospheres，2009，114(D24).

[137] Swinbank R, Kyouda M, Buchanan P, et al. The TIGGE project and itsachievements[J]. Bulletin of the American Meteorological Society, 2016, 97(1): 49-67.

[138] Ringard J, Seyler F, Linguet L. A quantile mapping bias correction method based on hydroclimatic classification of the Guiana shield[J]. Sensors, 2017, 17(6): 1413.

[139] Huang Z Q, Zhao T, Xu W X, et al. A seven-parameter Bernoulli-Gamma-Gaussian model to calibrate subseasonal to seasonal precipitation forecasts[J]. Journal of Hydrology, 2022, 610: 1-15.

[140] Scheuerer M, Hamill T M. Statistical postprocessing of ensemble precipitation forecasts by fitting censored, shifted gamma distributions [J]. Monthly Weather Review, 2015, 143 (11): 4578-4596.

[141] Cho H K, Bowman K P, North G R. A comparison of gamma and lognormal distributions for characterizing satellite rain rates from the tropical rainfall measuring mission[J]. Journal of Applied Meteorology and Climatology, 2004, 43(11): 1586-1597.

[142] Martinez-Villalobos C, Neelin J D. Why do precipitation intensities tend to follow gamma distributions? [J]. Journal of the Atmospheric Sciences, 2019, 76(11): 3611-3631.

[143] Schaake J, Demargne J, Hartman R, et al. Precipitation and temperature ensemble forecasts from single-value forecasts[J]. Hydrology and Earth System Sciences Discussions, 2007, 4(2): 655-717.

[144] Huang Z Q, Zhao T, Zhang Y Y, et al. A five-parameter Gamma-Gaussian model to calibrate monthly and seasonal GCM precipitation forecasts[J]. Journal of Hydrology, 2021, 603: 126893.

[145] Kim Y, Kim H, Lee G W, et al. A modified hybrid gamma and generalized pareto distribution for precipitation data[J]. Asia-Pacific Journal of Atmospheric Sciences, 2019, 55: 609-616.

[146] Zhang Y, Li Z L. Uncertainty analysis of standardized precipitation index due to the effects of probability distributions and parameter errors[J]. Frontiers in Earth Science, 2020, 8: 76.

[147] Zhu L H, Kang W Z, Li W, et al. The optimal bias correction for daily extreme precipitation indices over the Yangtze-Huaihe River Basin, insight from BCC-CSM1. 1-m[J]. Atmospheric Research, 2022, 271: 106101.

[148] Zhao T, Bennett J C, Wang Q J, et al. How suitable is quantile mapping for postprocessing GCM precipitation forecasts? [J]. Journal of Climate, 2017, 30(9): 3185-3196.

[149] Murphy A H, Epstein E S. Skill scores and correlation coefficients in model verification[J]. Monthly Weather Review, 1989, 117(3): 572-582.

[150] Jolliffe L T, Stephenson D B. Forecast verification: a practitioner's guide in atmospheric science [M]. West Sussex: John Wiley & Sons Ltd, 2003.

[151] Rao J, Garfinkel C I, Wu T, et al. Combined modes of the northern stratosphere, tropical oceans, and East Asian spring rainfall: a novel method to improve seasonal forecasts of precipitation[J]. Geophysical Research Letters, 2023, 50(1): e2022GL101360.

[152] Zhang J Y, Xu L Y, Jin B G. SWAR: a deep multi-model ensemble forecast method with spatial

grid and 2 - D time structure adaptability for sea level pressure[J]. Information，2022，13 (12)：577.

[153] Wang J H，Hong Y，Li L，et al. The Coupled Routing and Excess Storage (CREST) distributed hydrological model[J]. Hydrological Sciences Journal，2011，56(1)：84-98.